卡哇伊立體造型湯圓

美姬老師獨家研發無添加、軟糯香Q口感配方，
打造好捏塑、不變形、不易裂的完美造型湯圓

造型湯圓女王
王美姬——著

作者序

闔家團圓，甜甜蜜蜜
一起動手做造型湯圓

在手作點心教學的過程中，想要為喜愛手作的大家設計一款無蛋、無奶、無麩質，有著中式點心的傳統文化，又可以輕鬆省力的享受手作樂趣，「造型湯圓」雀屏中選！

配方經過兩年的設計與試做、搓揉過上百次的粉團後，終於研發出有如黏土般手感的造型湯圓外皮。無任何添加物的外皮，柔軟、Q彈、好捏塑、不黏手，做出來的造型湯圓外觀立體，口感軟糯香Q，配合香濃手工內餡，私房甜品，眼福、口福一起滿足，頓時陷入湯圓的甜蜜漩渦。

造型湯圓的食材便宜，取得容易，製作方法更是簡單好上手，不需要複雜的器材、專業的設備，做完就吃掉、環保不浪費，天然、健康、好吃又好玩的造型湯圓，不論是一個人紓壓手作、親子同樂，或是邀請三五好友一起DIY，都能打造出讓笑聲連連的甜蜜時光！

這次在書中設計了30多款可愛又好上手的造型湯圓，有適合不同節日、各種主題的造型，也有大小朋友喜愛的小動物造型，每一款皆是激發創意與想像力，希望讀者藉由不同造型技巧，手作出更多創意造型。

謝謝大家一路以來對於美姬老師的愛護與支持，感謝我的出版社「朱雀文化」、謝謝家人的支持，讓我可以放心的做自己喜愛的點心，希望這一本《卡哇伊造型湯圓》能為大家帶來更多的歡樂甜蜜與滿足！

造型湯圓女王

王美姬

編　者　序

無以倫比的專業與精細
美姬老師造型湯圓 NO.1

這是第三次與美姬老師配合，老師給我的震撼，一如初見！

從這兩三年來，造型饅頭在台灣、大陸火紅不墜，我們看著老師的手藝一年比一年精巧、一年比一年更令人驚嘆，真心佩服老師在發揚中式麵點這條路的堅持。

今年，有機會再和美姬老師合作新書，推出的是她研發了2年之久的造型湯圓。不過50元硬幣大小的造型湯圓，卻在老師的巧手下，一顆顆變化出可愛的模樣，教人愛不釋手。然而，只是可愛的造型並不能滿足老師對湯圓的要求，軟糯香Q的外皮口感、香濃綿密的內餡，都是美姬老師的造型湯圓值得你一試再試、一做再做的理由！

《卡哇伊造型湯圓》一書介紹了近40款湯圓作品，為了讓湯圓新手好入門，在本書的第一單元開門見山的將造型湯圓常見的問題一一點出，像是老師引以為傲的外皮配方、如何揉製、湯圓如何煮才不會裂、如何保存、能夠搭配哪些內餡、私房甜湯等，翻閱細讀第一章，能讓你對造型湯圓有完整的認識。

緊接著第二單元，則從簡單造型開始入門，慢慢加上變化、加深難度，只要跟著老師的步驟圖，一步一步慢慢做，透過張張的圖片，你會發現老師對造型湯圓的專業度及精細度，真是讓人折服！翻閱本書，就有如老師在你身邊提點，在製作上該注意的小細節，老師都一一提點，讓你輕鬆做出萌度爆表的造型湯圓。

湯圓不需饅頭的發酵過程，因此做起來完全不用擔心發酵過了頭，讓造型出現「變化」，只要將湯圓外皮保存得宜，讀者可以慢慢搓、慢慢塑形，做出一顆顆可愛的湯圓。如果說「造型湯圓」是造型中式麵點的入門磚，一點也不為過。擔心造型饅頭失手的讀者，可以先從造型湯圓入門，學會了搓揉、配件比例大小、色系搭配等技巧之後，再嘗試造型饅頭，將可更得心應手。

現在就和美姬老師一起進入萌翻天的造型湯圓世界吧！

目錄

Part 1 造型湯圓 Q&A

Part 2 初階造型湯圓

Part 3 中階造型湯圓

Part 4 進階造型湯圓

Part 5 高階造型湯圓

Part 1 造型湯圓Q&A

什麼是造型湯圓？

造型湯圓怎麼做？怎麼煮？

能搭配什麼一起吃？

一切有關造型湯圓的大小事，統統告訴你！

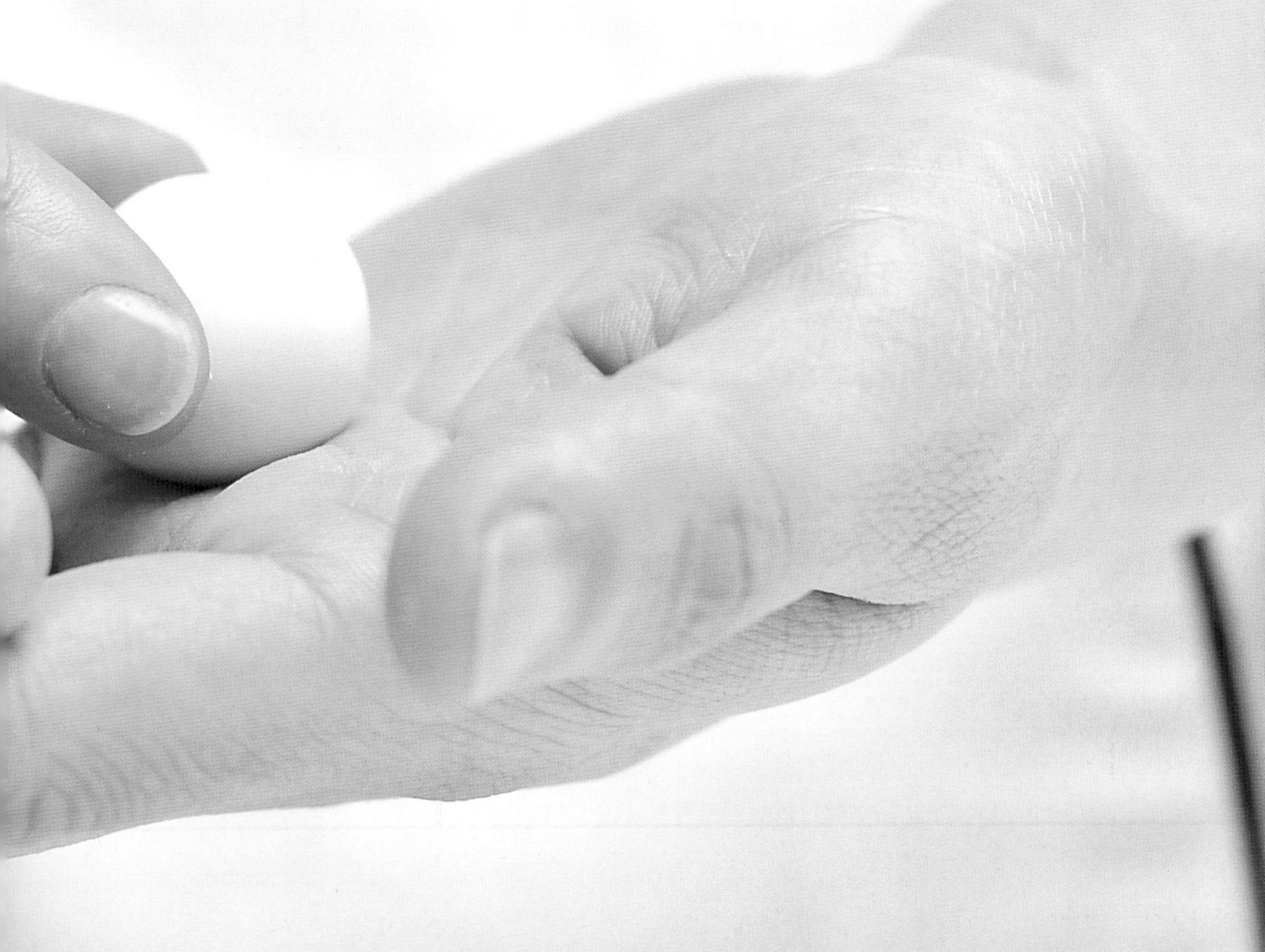

做造型湯圓前，你必須了解的12件事

小小巧巧、可愛又好吃的造型湯圓，總讓人愛不釋手，甚至做好了捨不得吃。很想迫不及待趕快動手做！但是，在開始製作造型湯圓前，建議你先將這一篇研讀清楚，對造型湯圓的歷史、製作方法、煮食方式等有深入了解後，再動手做造型湯圓，會非常輕鬆哦！

Questions 1 吃湯圓的由來？

大家都知道冬至吃湯圓、元宵節吃元宵，那麼中國人吃湯圓、元宵又有什麼故事呢？

據傳曾有一對貧窮夫妻帶著小女兒住在閩南一帶，某天妻子病故，丈夫為了妻子的安葬費只能賣掉女兒。女兒聽到這消息難過得昏了過去，她的爹爹緊張得跟鄰居要了幾個糯米團和一碗粥灌醒她。

女兒醒來後，和爹爹互相推讓那幾顆糯米團，誰也不忍心把它們吃光，深怕這一吃完，就是父女永遠分離的時刻了。多年後，在有錢人家做丫頭的女兒思念父親甚深，突發奇想在主人家門口門環掛上兩顆糯米團，希望爹爹能看到糯米團來和她相認。年復一年，故事的最後雖然不知道她有沒有找到爹爹，但吃糯米團的習俗卻在閩南地區傳開來了。

後來，吃湯圓變成中國民間習俗，窮人吃純糯米做的小圓仔；有錢人在糯米團裡包進糖和花生粉。加上冬至正處於陰陽交替的時節，古代的歲制是以冬至為歲首（即一年的開始），冬至當天必須祭天以「添歲」，因此許多人深信吃了湯圓就會快快長大，「吃了就會多一歲」的説法由此而來，這説法可從南宋文人陸游曾在他的作品批注中寫下：「吃盡冬至飯便添一歲。」可見一般。

至於元宵吃湯圓，則是在漢武帝時期東方朔與宮女元宵的故事。宮女元宵因為身處宮中，無法輕易見到父母親，善解人意的東方朔替她想了個方法，以火神將火燒長安為由，請漢武帝命令最會做湯圓的宮女元宵製作湯圓，在元宵節當天祭拜喜食湯圓的火神，並開放長安城讓人民進城賞花燈、吃湯圓。漢武帝深信東方朔的建議，於是讓宮女元宵順利見到自己的父母親。為了紀念宮女元宵的孝心，人們就把湯圓改名為「元宵」，而這天就被稱為「元宵節」。

Questions 2 什麼是造型湯圓？製作造型湯圓困難嗎？

美姬老師將捏麵人的概念延伸至饅頭，創造出萌翻天的造型饅頭。現在她再將中式麵點的美味，擴大到湯圓，製作出超級卡哇伊的造型湯圓。承襲了媽媽的好手藝，美姬老師醉心於中式麵點的美妙世界，將可愛、美麗的造型躍升於小小的湯圓之上，讓這50元大小的湯圓有了新造型。

製作造型湯圓比造型饅頭要簡單許多，因為湯圓不需要發酵，因此變型的機會大大減少，實際做好與煮食出來的差異性不大。但是湯圓比饅頭小得多，因此製作起其他的配件，也比饅頭更小，所以雖然不困難，卻比饅頭需要更多的耐心與細心。但是只要開始動手做，多多練習，一定可以掌握可愛又好吃的造型湯圓。

Questions

3 造型湯圓要用到哪些工具？

製作造型湯圓需要使用到的工具並不多，幾乎是家裡現成就有的。簡單的介紹做造型湯圓需要的工具：

1 **饅頭紙**—將湯圓擺在上頭，避免髒污，同時方便做造型使用。

2 **玻璃大碗**—也可以使用鋼盆，主要是揉製湯圓外皮及內餡時使用。

3 **篩網**—過篩粉類，撈起煮好的湯圓也很好用。

4 **牛奶鍋**—煮食湯圓使用，書中的湯圓外皮配方約可製作10～12顆湯圓，因此建議擁有可以煮食10～12顆湯圓大小的湯鍋。

5 **小筆刷**—造型湯圓有些小配件，因為過小，可以利用小筆刷輔助黏貼。

6 **細吸管**—做某些湯圓造型（例如年年有餘小金魚P124的魚鱗）時使用，亦可用湯匙替代。

7 **木製包餡匙**—混合糯米粉與太白粉時使用，亦可用湯匙替代。

8 **切割小刀**—做湯圓造型時切割粉團、刀背做湯圓的割痕等使用。此款小刀刀鋒不利，不會輕易割傷手。

9 **翻糖工具組**—製作湯圓造型時必備的雕刻工具。

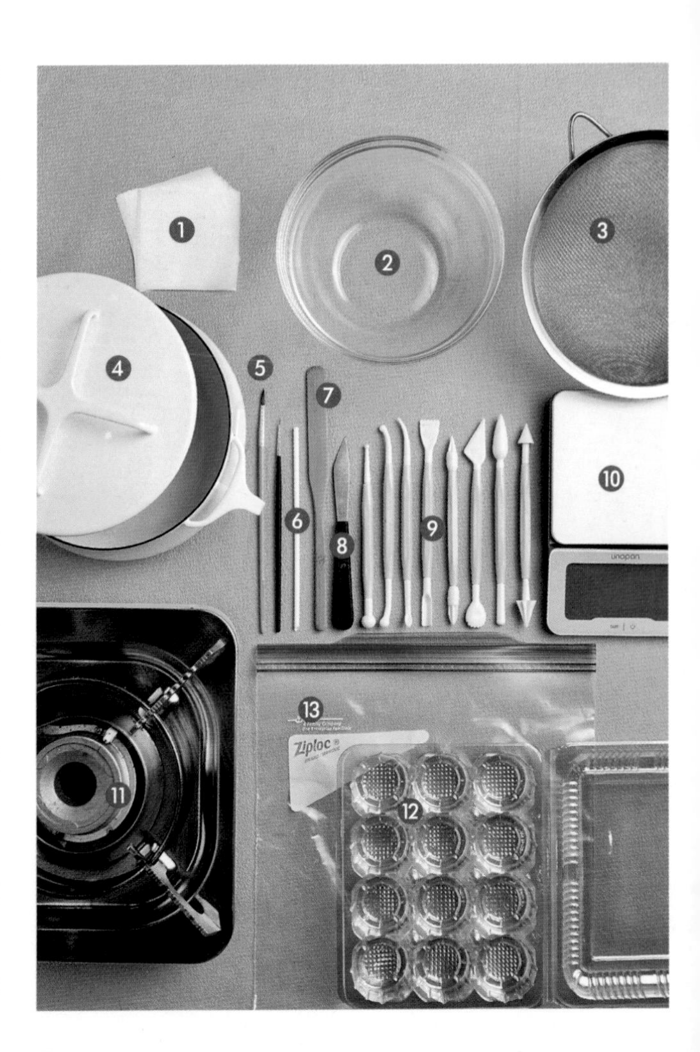

10 **電子秤**—因為每顆湯圓約50元大小，所搭配的配件使用到的粉團亦不大，建議使用最小可以秤重到0.1克的電子秤才順手。

11 **瓦斯爐**—煮湯圓時使用。

12 **包裝盒**—做好造型湯圓時方便包裝與保存。

13 **加厚耐凍密封袋**—造型湯圓若放入包裝盒再套進加厚耐凍密封袋，置於冰箱保存不易龜裂，可以保存更久。

Questions 4 製作造型湯圓的材料有哪些？

製作造型湯圓的食材很簡單，也不難買。大家不妨動手試看看！

1 **糯米粉**—就是一般坊間常見的糯米粉，雜貨店、超市都買得到。

2 **水**—可以飲用的冷開水或礦泉水。

3 **太白粉**—也就是馬鈴薯澱粉，不論台灣的或日本產的皆可。

4 **椰子油**—使用椰子油是美姬老師經過兩年的實驗，發覺以純的椰子油製作造型湯圓，和使用一般沙拉油相比，椰子油做出來的湯圓裂開的機會較少。不用擔心椰子油的濃郁香味，配方中椰子油用的分量並不多，揉完粉團後只有淡淡的香氣。

5 **細砂糖**—常見的細砂糖即可。

6 **天然色粉**—美姬老師個人常使用的是天然色粉，諸如：梔子黃 、紅麴粉、甘薯紫粉、可可粉、抹茶粉、竹炭粉、芝麻粉等。

Questions

5 基礎造型湯圓外皮怎麼做？

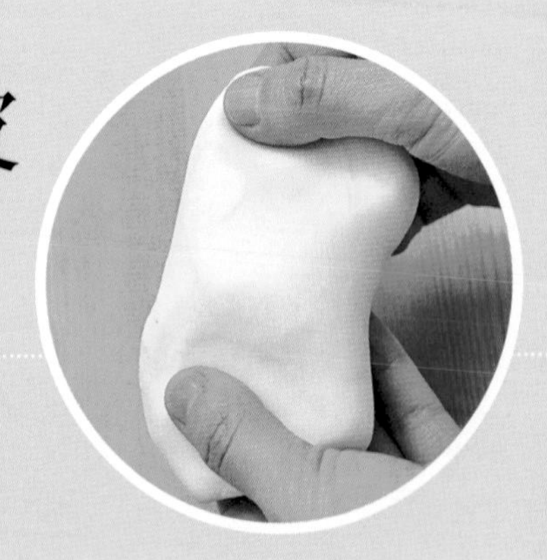

經過美姬老師兩年的實驗，終於調製出柔軟、Q彈、冷熱口感均佳的外皮配方，無添加、純素可食。試試看！天然尚好！

材料（約10～12顆湯圓）

糯米粉100克、太白粉10克、細砂糖10 克、水70克、椰子油5克

1 過篩

糯米粉、太白粉混合過篩（圖1-1），加入細砂糖（圖1-2），將水煮至80℃（圖1-3）。

1-1

1-2

1-3

Tips

若是家中沒有溫度計，可以以水泡的大小來判斷水溫。80℃的水溫，會有像魚眼般大小的泡泡；至於90℃則是像龍眼般大小，因此由水泡大小很容易就可以判斷是否達溫。

粉團

待水溫達到80℃，趁熱加入步驟1中（圖2-1），用木製包餡匙或鐵湯匙儘速拌勻（圖2-2），至呈現棉絮狀（圖2-3）。

2-1

2-2

2-3

3

搓揉

將棉絮狀的粉團在鋼盆裡抓捏成大粉團（圖3-1），再移動到桌面搓揉（圖3-2）至光滑均勻（圖3-3）。

3-1

3-2

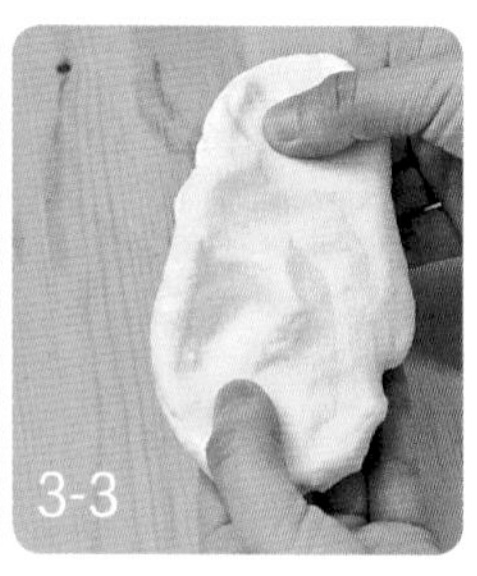

3-3

4

加椰子油

粉團揉至光滑後，加入椰子油（圖4-1），用洗衣方式的揉捏手法（圖4-2），將油脂揉壓至被粉團完全吸收（圖4-3）。

4-1

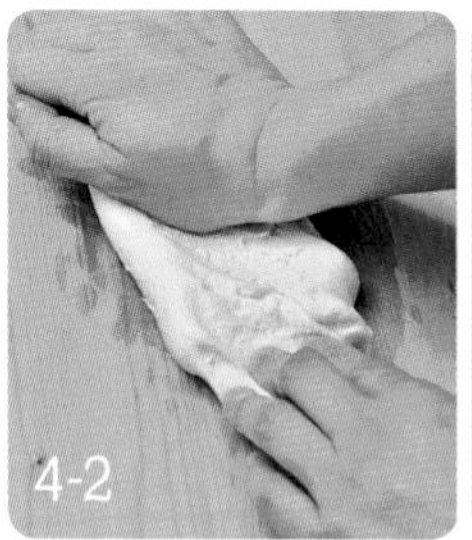

4-2

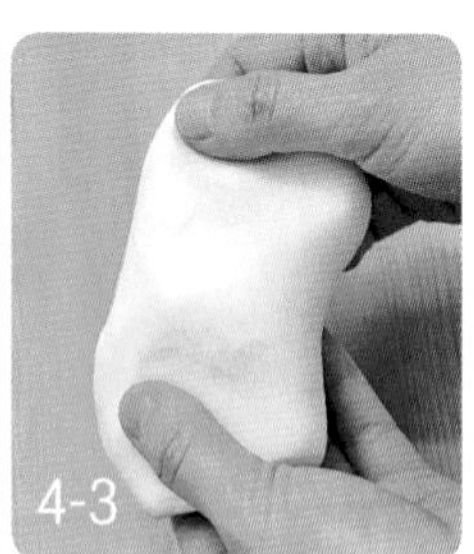

4-3

保存

完成的粉團會柔軟充滿黏性，但不黏手（圖5-1），將粉團裝在塑膠袋保存（圖5-2），當天做不完的粉團冷藏起來，可以保存3天，下次使用再揉勻即可。

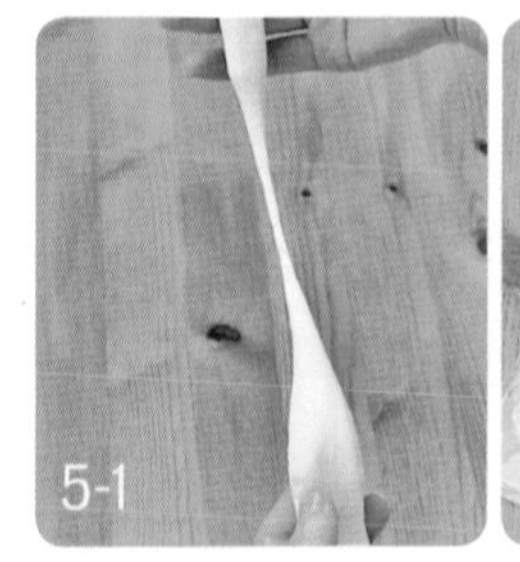
5-1

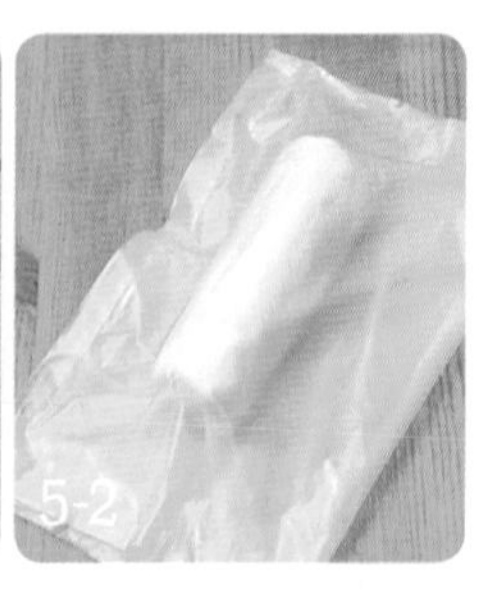
5-2

美姬老師小叮嚀

因為不同品牌的糯米粉吸水性不同，所加入的水量需靈活調整，如果無法拌成棉絮狀則要增加水量，如果過於濕黏則要減少水量。要讓湯圓外皮Q彈，80℃的水溫是關鍵，它是讓糯米粉與太白粉糊化最好的溫度，溫度過高，糊化過度，粉團會軟趴趴很黏手；溫度過低，則糊化無法完全，粉團容易過硬不好操作。

Questions 6 彩色外皮如何調色？

彩色粉團是製作造型湯圓必備的材料，只要將色粉加入粉團中（圖6-1），用反覆折疊的手法（圖6-2）將顏色混合均勻（圖6-3）就完成了，再將彩色粉團裝入袋子保存（圖6-4），需使用時再取出。

要提醒讀者的是，使用天然色粉，如抹茶粉、可可粉、竹炭粉、紅麴粉等，需要加入適量的清水一起揉製，否則粉團容易乾裂；如使用天然食用色素，則不需加水即可直接揉勻。

6-1

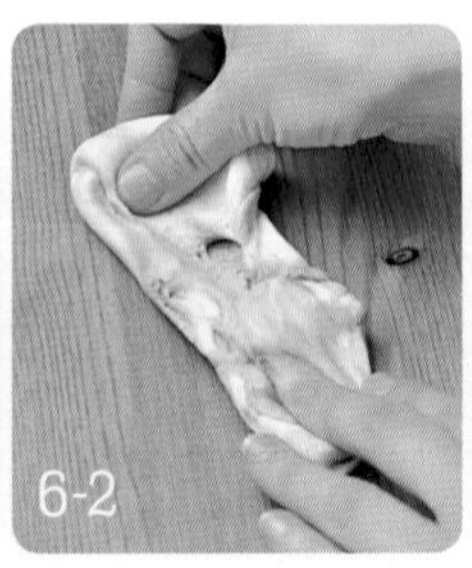
6-2

6-3

6-4

Questions

7 常見的彩色粉團有哪些顏色，是用什麼粉調色成的？

五顏六色的湯圓，需要有七彩的粉團來製作，想要讓自己的湯圓更可愛、更吸睛，必須學會如何揉出彩色粉團。

1 咖啡色→可可粉
2 紅色→足量紅麴粉
3 橘色→足量的梔子黃
4 黃色→少量的梔子黃
5 粉色→少量的紅麴粉
6 淺粉色→微量的紅麴粉
7 紫色→少量的梔子紫
8 淡紫色→少量甘薯紫
9 藍色→少量梔子藍
10 綠色→少量梔子綠
11 黑色→竹炭粉
12 灰色→芝麻粉

Questions

8 這樣包湯圓餡不失敗！

湯圓裡包餡很簡單，但想要包出漂亮又不會露餡的「有料」湯圓卻不簡單。跟著美姬老師的 Step by Step，包出完美的湯圓。

材料

外皮粉團10克、內餡5克

1 揉製

將外皮粉團以「揉一折」（圖8-1、8-2）的動作重複數次，確認粉團完全柔軟有彈性。

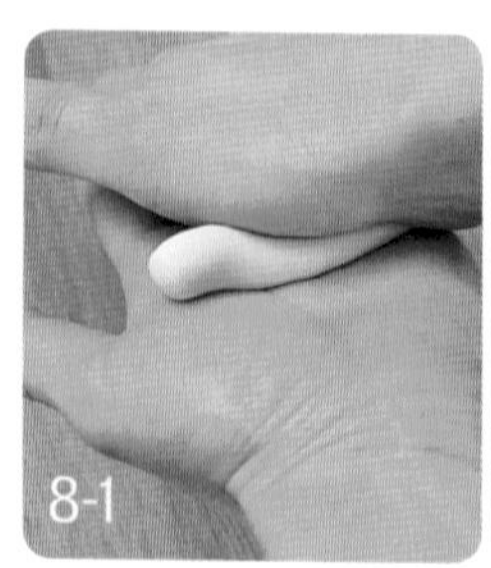

8-1

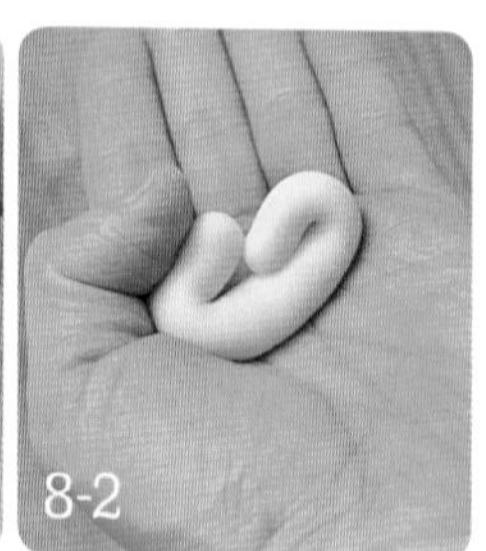

8-2

2 球狀

用雙手將粉團搓成光滑的小球（圖8-3、8-4）。雙手搓揉時，要微微施力，才能將粉團搓圓。

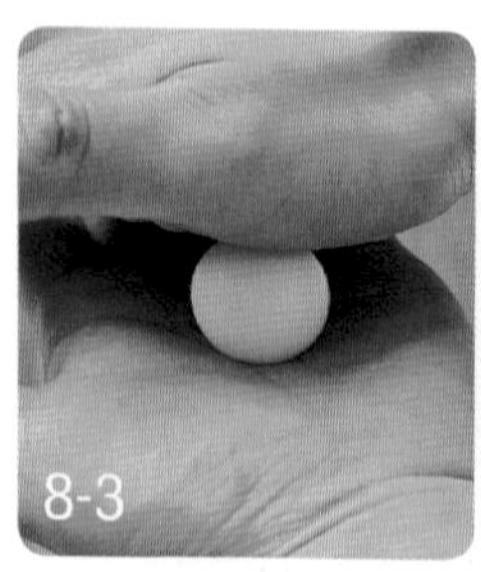

8-3

8-4

3 凹洞

用拇指在圓球上方壓出一個小洞（圖8-5），用拇指施壓（圖8-6），與食指共同將洞口放大（圖8-7）至可以放入餡料的大小。

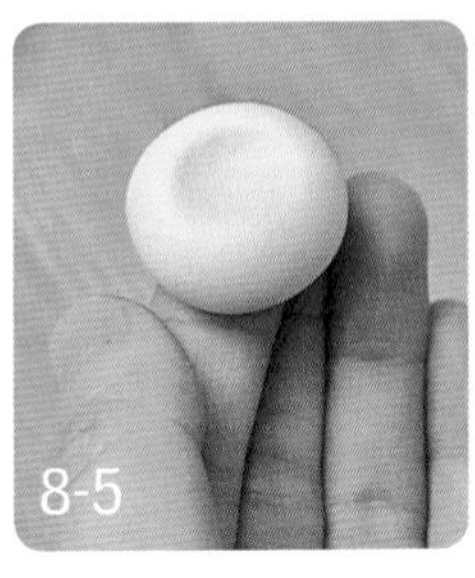
8-5

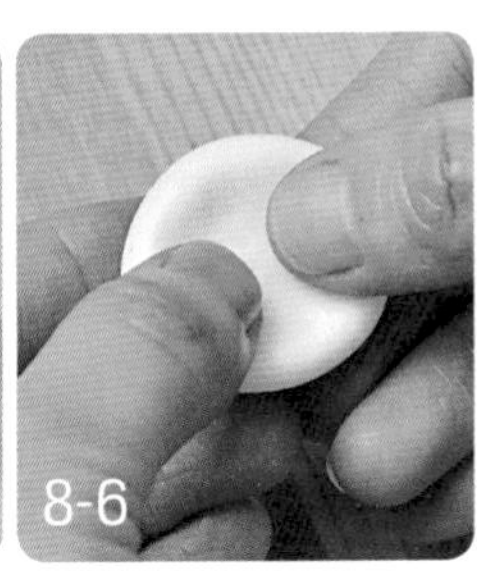
8-6

8-7

4 包餡

將搓好的內餡放入洞口（圖8-8），利用虎口將外皮由下向上慢慢延展（圖8-9），最後將收口從四周推至密合（圖8-10），如果封口處比較乾，可以擦一些清水幫助黏合。

8-8

8-9

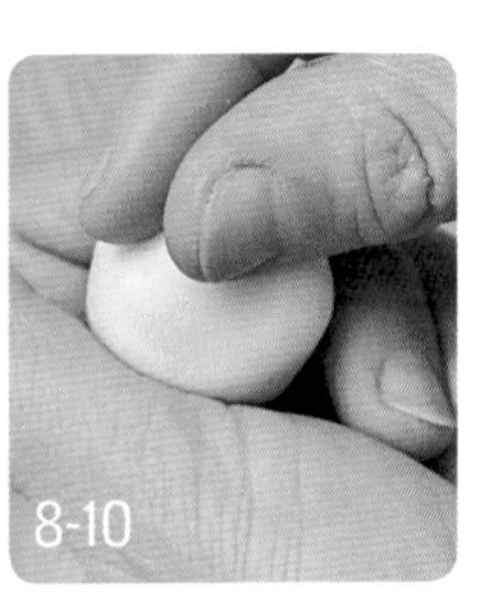
8-10

5 滾圓

雙手輕柔的將湯圓外皮搓圓至光滑（圖8-11），湯圓包好餡料（圖8-12）。

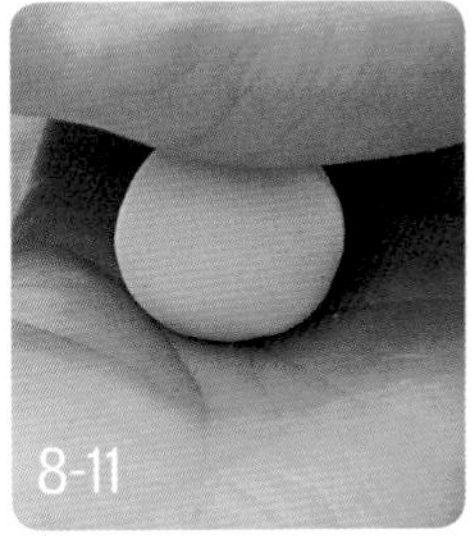
8-11

8-12

美姬老師 小叮嚀

包入的湯圓內餡必須完全冷凍變硬，否則餡料容易沾黏到湯圓外皮封口處，造成封口處無法密合，引起露餡或裂開等問題。

Questions

9 湯圓有哪些內餡可以搭？

美姬老師專為造型湯圓設計了多款美味內餡，搭配起Q彈的外皮，更加相得益彰。除了起司餡是使用一般市售的起司絲外，其他如芝麻餡、紅豆餡等，都有美姬老師獨家無添加防腐劑、食用色素等的完美配方。

芝麻餡

材料

芝麻粉100克、糖粉80克
無鹽奶油100克

做法

1. 糖粉過篩備用。
2. 將芝麻粉、糖粉混合均勻。
3. 無鹽奶油隔水加熱融化。
4. 趁熱將融化了的無鹽奶油加入步驟2中，攪拌均勻。
5. 放入冰箱冷藏30分鐘凝固。
6. 取出秤重5克／顆，搓成小圓球。
7. 再置於冷凍庫定型，裝於密封袋，可保存1個月。

花生餡

材料

花生粉100克、三溫糖80克
無鹽奶油100克

做法

1. 將花生粉、三溫糖混合均勻。
2. 將無鹽奶油隔水加熱融化。
3. 趁熱將融化了的無鹽奶油加入步驟1中，攪拌均勻。
4. 放入冰箱冷藏30分鐘凝固。
5. 取出秤重5克／顆，搓成小圓球。
6. 再置於冷凍庫定型，裝於密封袋，可保存1個月。

抹茶餡

材料

白豆沙200克、牛奶60克
綠藻抹茶粉4克、細砂糖50克
麥芽糖20克、沙拉油15克

做法

1 白豆沙加牛奶，以小火炒軟。
2 加入細砂糖、麥芽糖炒至融合，可堆成小山狀。
3 加入沙拉油炒勻。
4 再加抹茶粉炒勻。
5 冷卻後，秤重5克／顆，搓成小圓球。
6 再置於冷凍庫定型，裝於密封袋，可保存1個月。

奶油紅豆餡

材料

紅豆200克、二砂糖50克
無鹽奶油50克、海鹽0.5克

做法

1 紅豆泡水6～8小時。
2 加入蓋過紅豆的水蒸熟。
3 用調理機將蒸熟的紅豆打碎後過篩。
4 紅豆泥放入厚底鍋中拌炒至水分略微收乾。
5 加入二砂糖炒至糖融解。
6 再加入無鹽奶油炒至油脂吸收。
7 最後撒入海鹽炒至呈現小山狀即可。
8 冷卻後，秤重5克／顆，搓成小圓球。
9 再置於冷凍庫定型，裝於密封袋，可保存1個月。

巧克力內餡

材料

白豆沙200克、牛奶60克
黑巧克力25克、可可粉5克
細砂糖50克、麥芽糖20克、沙拉油20克

做法

1 白豆沙加牛奶，以小火炒軟。
2 加入細砂糖、麥芽糖炒至融合且收乾水分。
3 再加入沙拉油炒至可堆成小山狀。
4 最後加入黑巧克力、可可粉炒勻。
5 冷卻後，秤重5克／顆，搓成小圓球。
6 再置於冷凍庫定型，裝於密封袋，可保存1個月。

起司餡

材料

市售起司絲

做法

1 將市售起司絲秤重5克／顆，搓成小圓球。
2 再置於冷凍庫定型，裝於密封袋，可保存1個月。

Questions

10 湯圓怎麼煮才能又Q又軟又不變形？

做出了完美的造型湯圓，可千萬不能在煮食的過程中功虧一簣，讓湯圓破皮或露餡，現在就跟著美姬老師一步接一步煮出一顆顆漂亮又完美的造型湯圓！

材料 造型湯圓10～12顆、水2,000CC

1 煮水

使用3公升大的鍋子，加入超過鍋深一半的清水（圖10-1），約2,000CC。開大火將水煮至沸騰（圖10-2），水必須大滾。

10-1

10-2

2 煮湯圓

將湯圓放入滾水的鍋中（圖10-3），靜待30秒後，將火力調整至中火。一看到湯圓浮上來（圖10-4），開始計時2分鐘，2分鐘後再加入一碗冷水（圖10-5），待水再次沸騰後，湯圓就熟了（圖10-6）。

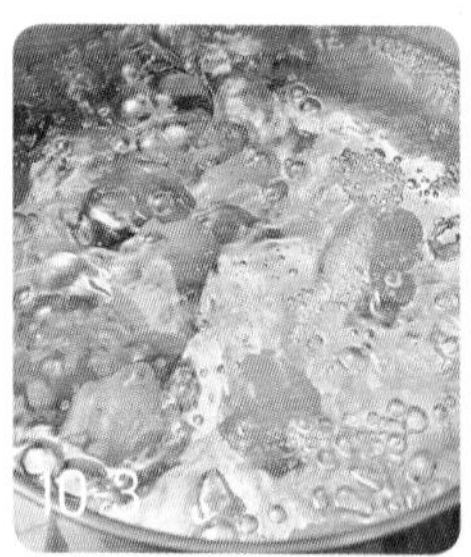

10-3

10-4

10-5

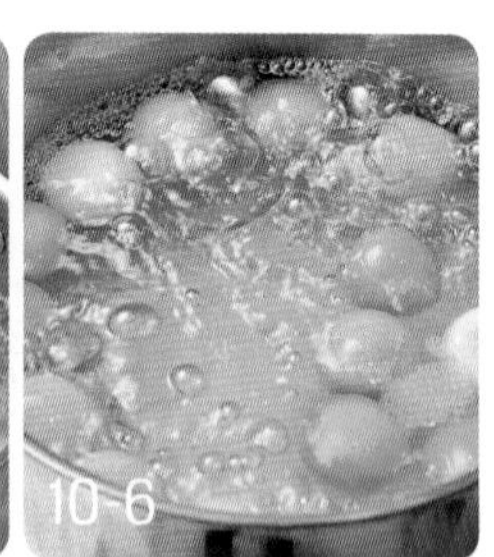

10-6

美姬老師小叮嚀

1. 湯圓第一次浮起後，務必將火源由大火轉成中火，否則湯圓外皮容易糊化、煮破皮。另外，煮食造型湯圓一次不要放入太多顆，否則容易彼此碰撞，影響造型湯圓外觀。
2. 煮過的湯圓會比原本的湯圓略微漲大，導致造型會有些微變化是正常的。

煮過　未煮

Questions

11 食用造型湯圓還能搭配什麼？

造型湯圓雖然煮熟後單吃就非常美味，但是若加上甜湯、果汁或糖粉等，美味更升級！通常以為甜湯圓就只能加一般的糖水，事實上能和湯圓搭配的食材非常多，現在就來看看美姬老師為大家準備哪些能為湯圓錦上添花的甜品吧！

紫米紅豆湯

材料

紅豆120克、紫米80克
陳皮5克（可到中藥行購買）
水1,500克、細砂糖50克
海鹽0.5克

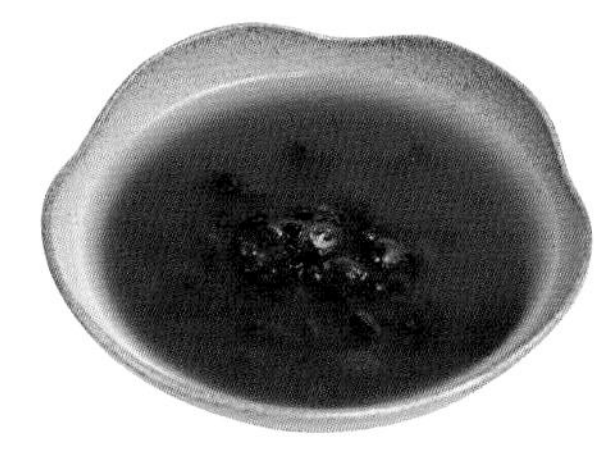

做法

1 將紫米紅豆混合洗淨後，泡水6～8小時。
2 將泡水的紫米紅豆瀝乾水分，再加入1,500克的水與少量陳皮。
3 以小火煮約30分鐘至軟熟，加入細砂糖拌勻。
4 最後加入海鹽攪拌均勻，就完成了。

甜酒釀

材料（分量6瓶／150克）

圓糯米600克、酒麴半顆、30℃溫水200克

工具

大玻璃罐1瓶（1L）、小玻璃罐6瓶（150克／瓶）

做法

1 將圓糯米泡水至少4小時。
2 將圓糯米水分瀝乾，放入電鍋蒸25分鐘後，攤開至平盤上，散熱至30℃。
3 酒麴敲碎，加入200克溫水攪至溶解後備用。
4 將酒麴水加入糯米中，用乾淨的木匙拌勻。
5 將步驟4全部放入大玻璃罐中，在中間挖洞當作酒窩。
6 封保鮮膜（不封蓋）在室溫30℃的環境發酵48小時。
7 待發酵出水，且有明顯的酒香味即完成酒釀。
8 將酒釀裝入乾淨的玻璃罐，冷藏保存一個月。

美姬老師小叮嚀

製作酒釀所使用的工具及器材，均需殺菌完全，否則容易變質失敗，浪費了好食材。酒麴可以自行上拍賣網站購得。

桂花枸杞甜酒釀

材料

水1,000克、冰糖 100克
乾燥桂花10克、甜酒釀100克
雞蛋2顆、枸杞數果

做法

1 冰糖加入水中，以小火煮至溶解。
2 將雞蛋打散，加入步驟1的糖水中。
3 再加入酒釀、枸杞稍微拌開即可出鍋。
4 食用之前再撒上乾燥桂花。

美姬老師
小叮嚀

蛋花和酒釀都不宜煮到沸騰，會讓蛋不夠滑嫩，且酒釀風味不足。

蝶豆花海洋糖水

材料

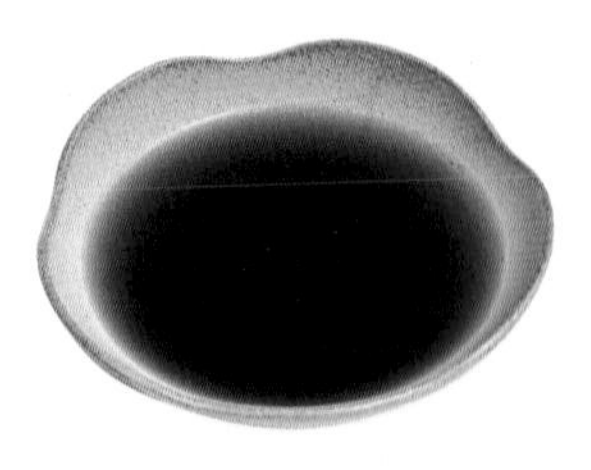

乾燥蝶豆花25朵
水600克
冰糖50克

做法

1 蝶豆花除去花萼部分。
2 將蝶豆花和冰糖加入水中，以小火慢煮5分鐘讓顏色溶出。
3 如果想要紫色的顏色，可以加入少許檸檬汁。

美姬老師
小叮嚀

蝶豆花性寒，體虛及孕婦不宜飲用。

花生粉

材料

花生200克、細砂糖100克

做法

1 將花生以小火慢炒至金黃且充滿香氣。
2 將炒熟的花生外皮用網篩搓掉。
3 將炒熟的花生加入細砂糖，一起用磨粉機打碎即可。

黃豆粉

材料

黃豆300克、花生粉50克、細砂糖50克

做法

1 黃豆洗乾淨晾乾。
2 以小火慢炒20～30分鐘至表皮裂開有明顯豆香味。
3 放涼後加入細砂糖、花生粉，用磨粉機打成粉末狀。
4 裝入密封罐保存。

黑糖蜜

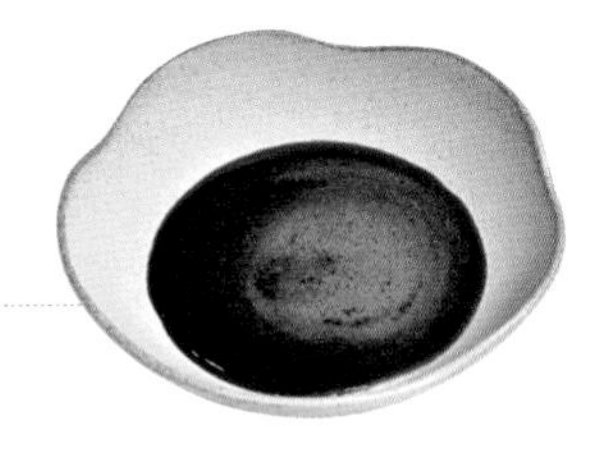

材料

黑糖100克、麥芽糖35克、水100克

做法

將黑糖、麥芽糖、水混合後，以小火煮成糖蜜狀。

紅龍果果汁

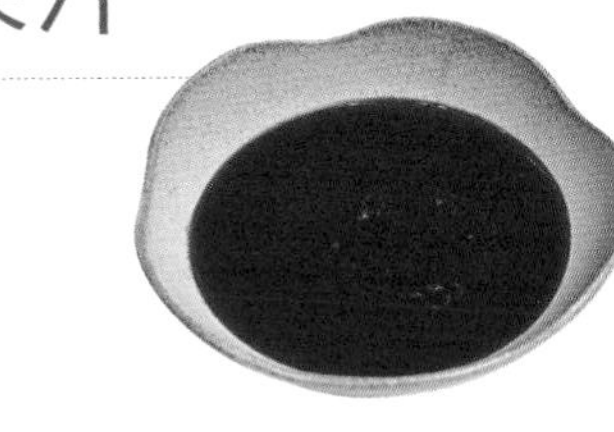

材料

冷藏紅龍果一顆

做法

1 將紅龍果用篩網過濾出純果汁。
2 將細篩網篩出的種子和果渣去除。
3 得到純色果汁要儘早享用。

椰子粉

材料

細椰子粉50克、糖粉30克

做法

椰子粉和糖粉混合均勻即可。

港式糖水

材料

香港片糖100克、薑片20克
水1,000克

做法

1 將片糖、薑片加入水中。
2 以小火熬煮20分鐘。
3 待薑片釋放味道，糖水味道融合即可。

12 湯圓如何保存？

包好的造型湯圓有時一下子吃不了那麼多，或者想寄給親朋好友分享可愛的造型湯圓，美姬老師特別實驗過多次，終於找出最適合保存造型湯圓的好方法。美姬老師建議讀者將造型湯圓裝在湯圓塑膠內盒中，再放入加厚耐凍的密封袋保存，以冷凍方式，可以保存一個月，切勿將湯圓冷藏保存，容易導致湯圓裂開及露油。

Part 2 初階造型湯圓

從最簡單的紅白小湯圓開始，一步步慢慢學、耐心捏，打下最穩的基礎，為自己的湯圓作品，踏出穩健的第一步。

難易度：★

甜甜蜜蜜 紅白小湯圓

圓圓的湯圓象徵著團圓、圓滿，只要是有喜事場合，或是重要的年節，都少不了甜蜜的湯圓。這種紅白小湯圓很容易做，是湯圓的基礎版，一定要學會！

材料（15顆）

湯圓外皮

白色30克、紅色15克

1 塑形

將紅、白粉團分別搓成圓形備用（圖1-1），分別將紅、白圓形粉團搓成粗細均勻的長條狀（圖1-2）。

1-1

1-2

2 切割&揉圓

將白色長粉條切成10個似正方形的小丁；紅色長粉條切成5個似正方形小丁（圖2-1），再分別將正方形小丁滾成圓形（圖2-2），紅、白小湯圓就完成了。

2-1

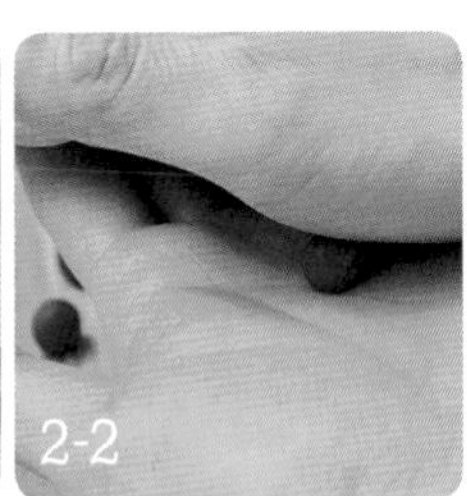
2-2

難易度：★

元氣滿滿五行湯圓

以金木水火土為概念做出的五行湯圓，既好吃又有獨特的寓意，非常適合在節慶時節動手搓幾顆，搭配健康營養的內餡，補元氣、補體力！

材料（5顆）

湯圓外皮
黑色10克、綠色10克、青色10克
紅色10克、黃色10克

內餡
芝麻餡5克×5顆

1 滾圓

取綠色外皮粉團，用雙手將粉團搓成光滑的小球，依P.16「這樣包湯圓餡不失敗！」將芝麻餡包入，搓圓備用（圖1-1）。

1-1

2 包餡

將其他四色湯圓依步驟1的做法，依序完成，分別搓圓備用。五行湯圓完成，可現煮或冷凍保存。（圖1-2）

1-2

美姬老師小叮嚀

五行即所謂金、木、水、火、土，各自有其代表的顏色。不過只要做出5顆顏色美麗、內餡好吃的湯圓，滿足了五臟內腑，身體心理都滿足了，自然而然運氣就會好，諸事大吉！

難易度：★

經典不敗芝麻湯圓

又稱為「冬節」的冬至，是中國傳統的重要節氣之一。這芝麻湯圓是許多人的最愛，美姬老師調配了完美的內餡比例，吃起來香醇滑順，你也來一顆！

材料（3顆）

湯圓外皮
白色30克

內餡
芝麻餡5克×3顆

1 滾圓

取白色外皮粉團10克，用雙手將粉團搓成光滑的小球（圖1-1），用拇指在白粉球上壓出一個小窩，將搓好的內餡放入（圖1-2）。

1-1

1-2

2 包餡

利用虎口將外皮由下向上延展（圖2-1），最後將收口從四周推至密合。如果封口處比較乾，可以擦一些清水幫助黏合，再利用雙手輕柔的將湯圓外皮滾至光滑完成（圖2-2）。

2-1

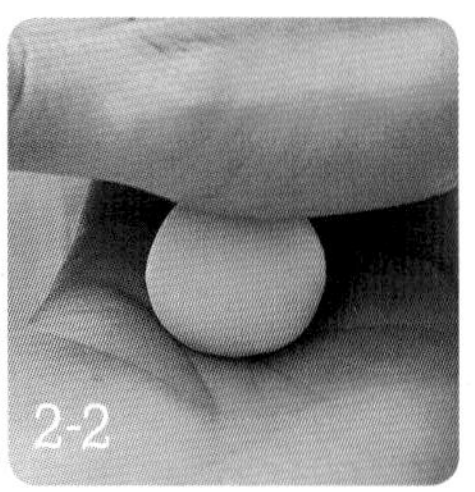
2-2

美姬老師小叮嚀

芝麻湯圓是很多人的最愛！它之所以能在湯圓世界中站有一席之地，滑順香濃的內餡絕對是主因之一。美姬老師提供獨家的芝麻餡完美配方，搭配起Q彈的外皮，讓人吃得欲罷不能。

難易度：★

七彩琉璃湯圓

像玻璃彈珠般的炫麗色彩吸引著人們的目光，美姬老師將五彩繽紛的紋路，在湯圓上呈現，每一款都獨一無二，宛如吃的藝術在餐桌！

材料（3顆）

湯圓外皮

白色24克、彩色（綠色、青色、紫色等）6克

1-❶ 混色1

取白色粉團8克＋彩色粉團2克，分別用雙手將粉團搓成光滑的小球（圖1-1），交錯後大致混合搓成長條（圖1-2）。

1-1

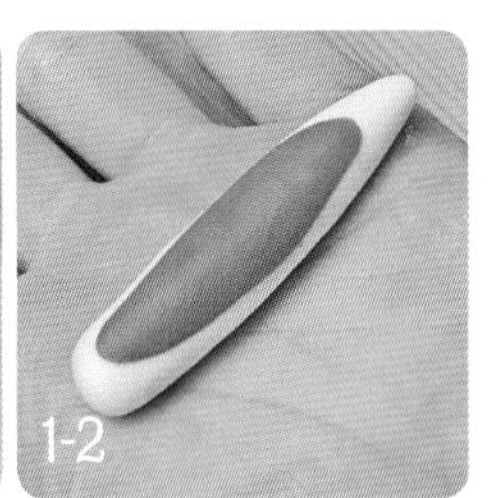
1-2

1-❷ 混色2

將長條捲成圓（圖1-3），再搓成長條（圖1-4）。如此反覆幾次，再利用雙手輕柔的將湯圓外皮滾至光滑完成。（圖1-5）。

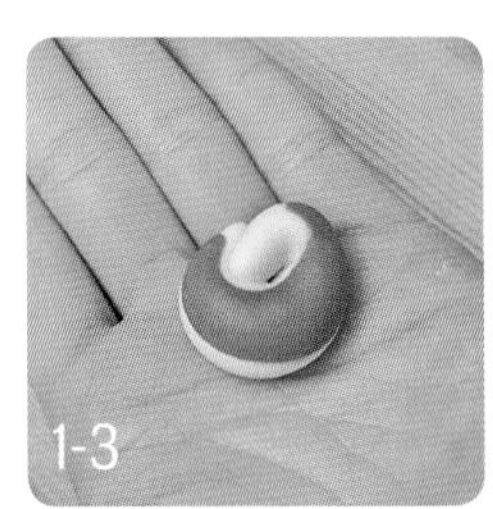
1-3

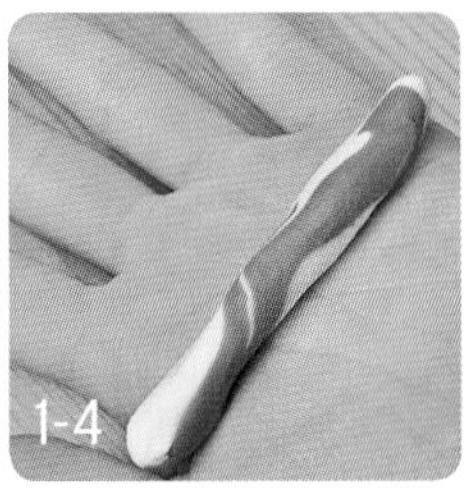
1-4

1-5

美姬老師小叮嚀

混合次數不可過多，以免白色全部被染到顏色，喪失琉璃感。
主色除了白色外，也可以試著用不同的彩色外皮，兩兩混搭。
例如黃+綠、藍+粉等。

難易度：★

森林小蘑菇

有些蘑菇有毒，採摘時要小心，但是用粉團包上內餡做出來的蘑菇，可就沒有這層顧慮了！如果想更吸睛，還可以做出各色的蘑菇，擺在一起非常可愛！有著淡雅茶香的小蘑菇，是自然森林系的小點心！

材料（3顆）

湯圓外皮
粉橘色30克、白色6克

內餡
抹茶餡5克×3顆

1 蕈傘

將粉橘色粉團分成10克／顆（圖1-1），依P.16「這樣包湯圓餡不失敗！」將抹茶餡包入，搓圓後略微壓扁（圖1-2）。

1-1

1-2

2-❶ 蕈疣1

取2克的白色粉團，揉成長條狀（圖2-1），用小刀切出數個正方形（圖2-2）備用，準備做蕈疣使用。

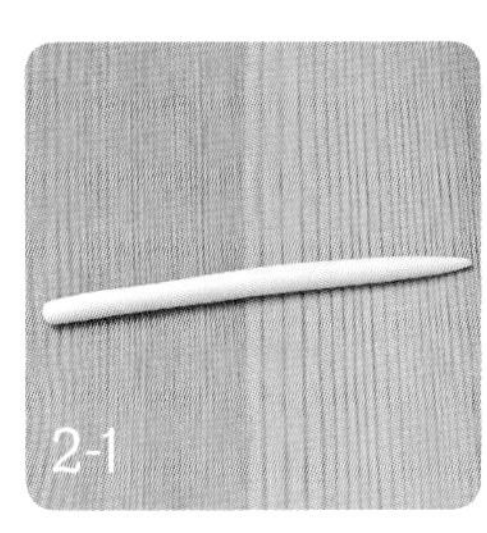
2-1

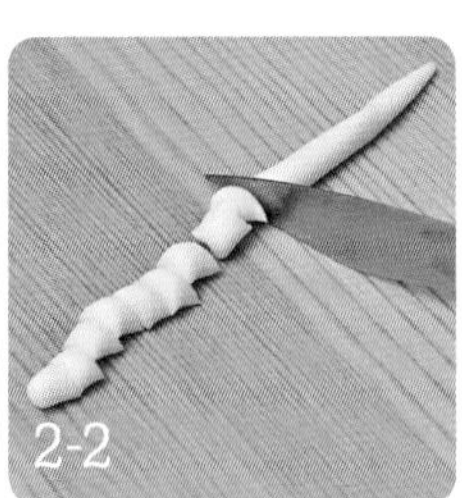
2-2

2-❷ 蕈疣2

將切成小正方形的白色粉團滾成圓形（圖2-3），分散四處黏貼在蕈傘上，略微壓扁（圖2-4），當成蕈疣。

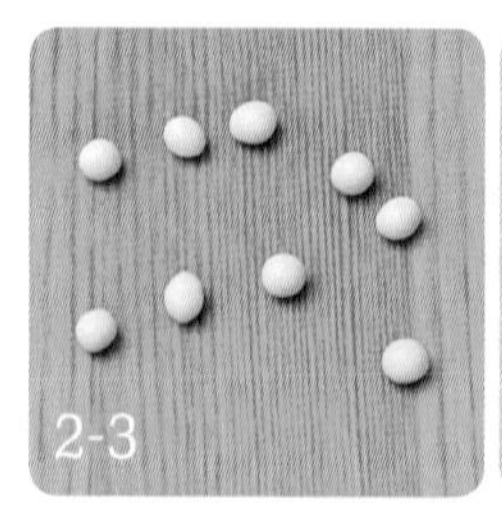
2-3

2-4

3 蕈柄

取1.5克小白粉團，揉成蛋形（圖3-1），黏貼在蕈傘下方當作蕈柄（圖3-2），以小刀切畫出紋路（圖3-3）。

3-1

3-2

3-3

4 完成

可愛小蘑菇湯圓完成，可以用不同顏色的粉團，做出彩色蘑菇喲！做好的蘑菇可現煮或冷凍保存（圖4-1）。

4-1

美姬老師小叮嚀

蕈柄盡量不要做太長，不僅整個小蘑菇湯圓外型會顯得圓潤可愛，同時也避免煮的時候脫落。

甜滋滋紅蕃茄

做法請見下一頁！

甜滋滋紅蕃茄

難易度：★

義大利有句俗諺：「蕃茄紅了，醫生的臉綠了。」這款以紅麴粉調出的紅蕃茄造型湯圓，完全不用添加色素，就可以做出紅通通的蕃茄！和真的蕃茄擺在一起，幾乎無法分辨！

材料（3顆）

湯圓外皮
紅色30克、綠色3克

內餡
抹茶餡5克×3顆

1 蕃茄本體

將紅色粉團分成10克／顆（圖1-1），依P.16「這樣包湯圓餡不失敗！」將抹茶餡包入，搓圓後略微壓扁（圖1-2）。

1-1

1-2

2 蕃茄頂端

用翻糖工具壓出蕃茄頂部的凹痕（圖2-1），再用小刀壓出表面紋路（圖2-2）。

2-1

2-2

Tips

紋路可以壓深一點，以免煮食時紋路消失。

3-❶ 蒂頭1

取1克的綠色粉團，先搓圓再搓成長長的尖頭狀（圖3-1），以翻糖工具取出尖頭處（圖3-2），依此方法，做出5根長短不一的尖頭（圖3-3）。

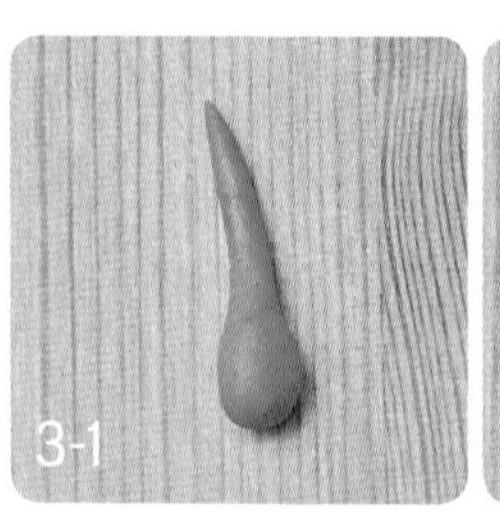
3-1

3-2

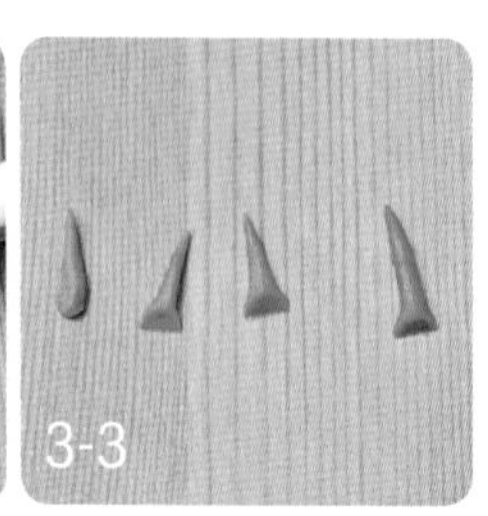
3-3

3-❷ 蒂頭2

將5根長短不一的尖頭，黏貼在湯圓頂端（圖3-4），略微壓扁（圖3-5），當作蕃茄的蒂頭，並以翻糖工具於蒂頭中心處深壓出一個凹洞（圖3-6、3-7）。

3-4

3-5

3-6

3-7

Tips

蒂頭黏貼的位置，建議與表面紋路交錯，比較好看。

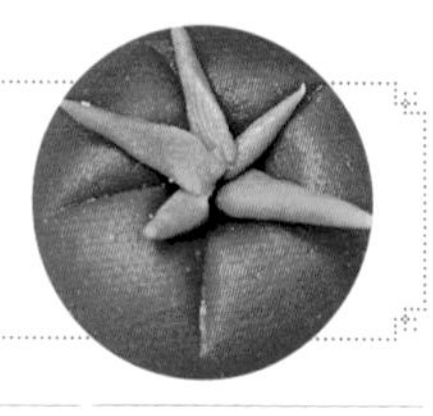

4 蒂頭莖

取1顆約綠豆大小的綠色粉團，用手指搓成橢圓形（圖4-1），放入凹洞裡，當作連接蒂頭的莖（圖4-2），蕃茄湯圓完成，可現煮或冷凍保存（圖4-3）。

4-1

4-2

4-3

美姬老師小叮嚀

蒂頭的綠色片狀，不要壓得過扁，失去生動感；另外，蕃茄頂部的凹痕雖然要深壓才能保持痕跡，但也要注意不要過深，以免破皮露陷。

難易度：★

財源廣進聚寶盆

聚寶盆是中國民間故事中的神奇寶物，把聚寶盆做成湯圓，大口咬下，也象徵把健康與財富都吃下肚！！

材料（3個）

湯圓外皮
紅色39克、黃色6克、彩色各1克

內餡
花生餡5克×3顆

1 聚寶盆盆體

紅色粉團分出3份10克／顆及3克／顆，其中10克粉團依P.16「這樣包湯圓餡不失敗！」將花生餡包入，搓圓備用（圖1-1）。

1-1

2-❶ 袋口1

將3克／顆的紅色粉團先搓圓（圖2-1），再搓成粗線條（圖2-2），先圍成一圈，切除多餘部分，黏貼在包餡的紅色粉團頂端（圖2-3）。

2-1

2-2

2-3

袋口2

在紅圈的邊緣處，利用拇指和食指上下施力，將圓形邊緣捏平，做成袋口狀（圖2-4）備用。

2-4

---

3 細線

將黃色粉團先搓成圓球狀，再搓成細線（圖3-1），圈在紅色碗狀粉團下方（圖3-2），切除多餘部分（圖3-3、3-4）。

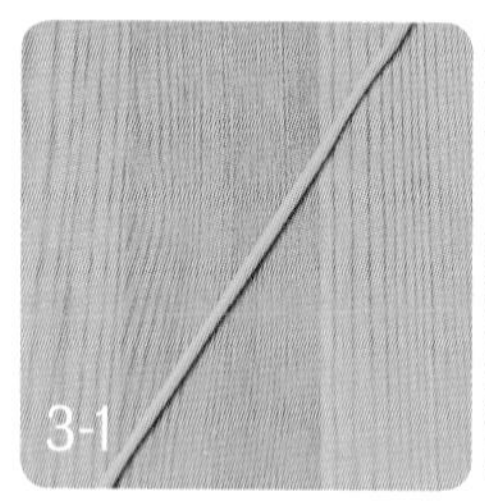
3-1

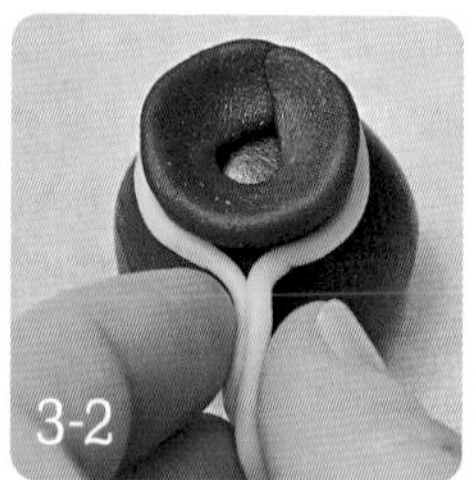
3-2

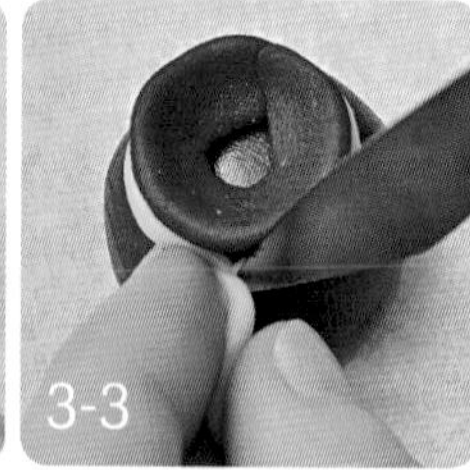
3-3

3-4

---

4 蝴蝶結

黃色粉團再搓成細線，先圈出圓形（圖4-1），圓形部分由上往下壓，貼在線條交叉處（圖4-2），形成蝴蝶結的外觀。

4-1

4-2

5 裝飾

將蝴蝶結黏貼在圖3-3的黃線上（圖5-1），利用翻糖工具將交叉處壓緊（圖5-2），以免下鍋煮時蝴蝶結鬆散掉。

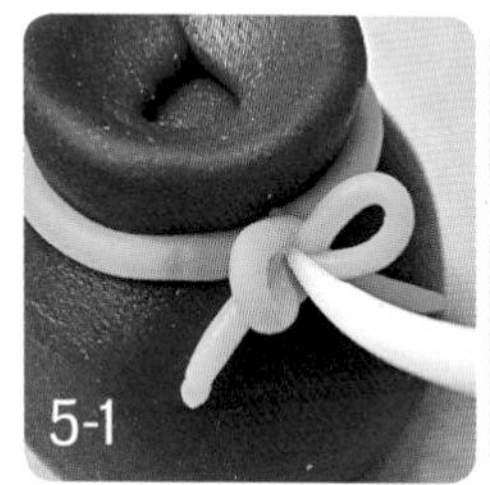
5-1

5-2

6 寶石

用彩色粉團搓出數個小圓球，擺在袋口處當作彩色小寶石（圖6-1），小寶石擺放時，可適時加點水，幫助黏合，以免下鍋煮時散掉。聚寶盆湯圓完成（圖 6-2 ），可現煮或冷凍保存。

6-1

6-2

美姬老師小叮嚀

1 袋口的圈盡量圍小一點，看起來比較聚財有福氣。
2 可以在聚寶盆上加上「滿」字或「$」符號，更有聚財意味。

Merci
Gentillesse

難易度：★

BEAUTIFUL PLANTE

浩瀚無垠的星球

將不同顏色的粉團混合在一起，不均勻的顏色宛如有著陸地與海洋的星球般，漂浮在星海中。有空不妨多做幾顆，來個美麗太陽系大集合。

材料（3顆）

湯圓外皮
藍色30克、草綠色3克、白色2克

內餡
芝麻餡5克×3顆

1

星球

將藍色粉團分成10克／顆，草綠色粉團及白色粉團分別搓成數顆小粉團備用，黏貼2～3顆於藍色粉團上方（圖1-1），滾成圓形（圖1-2）。

1-1

1-2

2

星球陸地

將有花紋的地方朝下（圖2-1），用拇指在藍色粉球上壓出一個小窩，將搓好的內餡放入，包入後滾圓就完成了（圖2-2）。

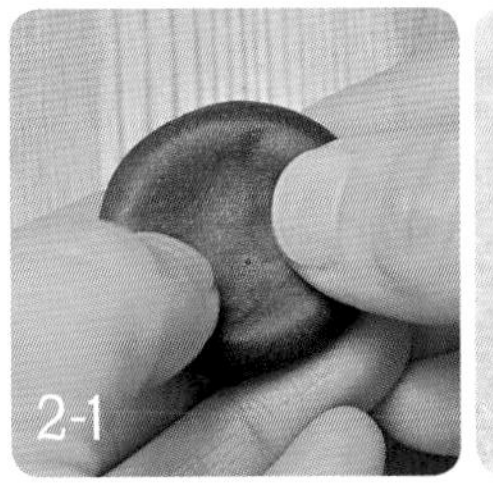
2-1

2-2

美姬老師
小叮嚀

換成不同顏色混搭，就可以做出不同星球的感覺，可以做出整個太陽系。

難易度：★

彩色笑臉小氣球

氣球是許多慶祝場合常見的裝飾，利用各種不同形狀、長短的氣球，可以做出許多有趣的造型。今天是值得慶祝的紀念日嗎？來顆甜蜜的氣球湯圓吧！

材料（3顆）

湯圓外皮
黃色32克、黑色1克、粉色1克、紅色1克

內餡
抹茶餡5克×3顆

1 球體

將黃色粉團分成10克／顆（圖1-1），依P.16「這樣包湯圓餡不失敗！」將抹茶餡包入，搓圓備用。

1-1

2-❶ 氣球嘴1

取0.5克的黃色粉團搓圓後（圖2-1），再搓成水滴狀（圖2-2），將水滴狀尖端黏貼在球體湯圓下端（圖2-3），當作氣球嘴，用翻糖工具壓出洞口，做出氣球嘴的模樣（圖2-4）。

2-1

2-2

2-3

2-4

氣球嘴2

另一種氣球嘴的做法，則是將氣球主體下端捏尖（圖2-5），用翻糖工具壓出洞口，做出氣球嘴的模樣（圖2-6），並用工具將氣球嘴塑形（圖2-7）。

2-5

2-6

2-7

3

綁線

取紅色粉團搓出長細線（圖3-1），繞在氣球尾端，當成氣球綁線（圖3-2），並做出皺摺狀。

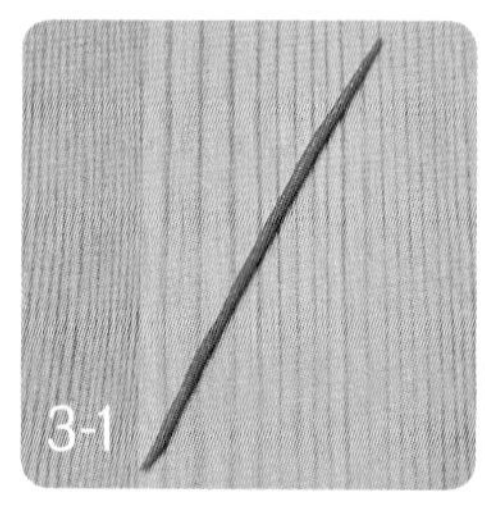

3-1

3-2

4

眼睛

取2粒約芝麻大小的黑色粉團，用手指搓圓後，黏貼在球體上，當作眼睛（圖4-1）。

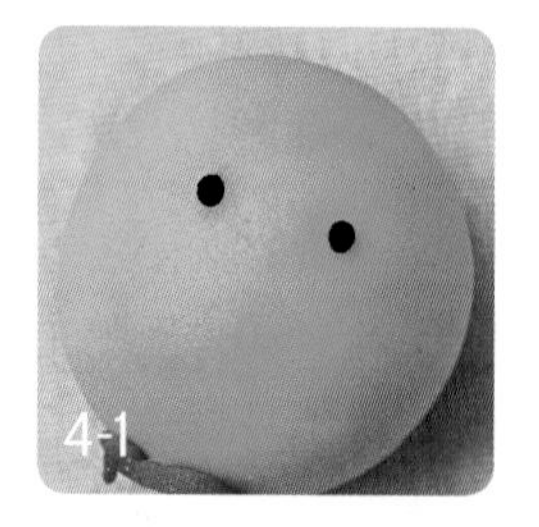

4-1

嘴巴1

取1粒約芝麻大小的黑色粉團，用手指搓成兩端尖尖的長細線，以上揚的角度黏貼在球體上，當作微笑嘴巴（圖5-1）。

5-1

嘴巴2

取1粒約1/2芝麻大小的黑色粉團，用手指搓成2條小細線，黏貼在嘴巴的兩端（圖5-2）。

5-2

6-1

6 眉毛

取1粒約芝麻大小的黑色粉團，分成2等分，用手指搓成兩端尖尖的細線，黏貼在眼睛上方當作眉毛（圖6-1）。

Tips

造型湯圓上的小裝飾，有時物件太小，不方便以手指黏貼，可以用小筆刷幫忙，讓黏貼更為順利。

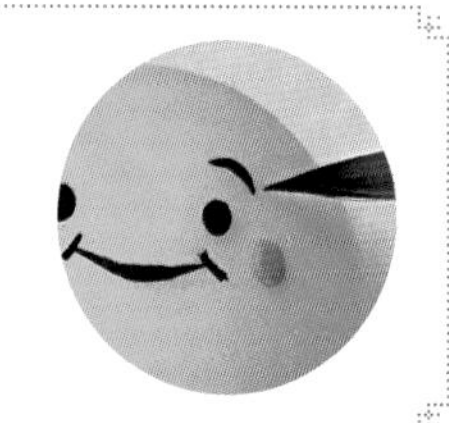

---

7 腮紅

取1粒約綠豆大小的粉色粉團，分成2等分，用手指搓圓後，黏貼在嘴巴的兩側，當作腮紅（圖7-1），笑臉氣球湯圓完成，可現煮或冷凍保存。

7-1

美姬老師小叮嚀

1 笑臉圖案盡量小，氣球看起來會比較飽滿。
2 可以多用不同顏色粉團做球體，做出色彩繽紛的氣球，同時球體上也可以有不同的表情。

Part 3 中階造型湯圓

當難度提升，我們不害怕；當萌度爆表，我們不驕傲；當一顆顆可愛的小湯圓 ，從我們的手中誕生，我們會發現，手作可以帶來更多的幸福給我們愛的人！

難易度：★★

輕飄軟綿小雲朵

看著雲的形狀不斷地變化，時像小狗、時像鯨魚；有時與雲對話、分享心情！小小雲朵載著你我的心情，起起伏伏！翻滾吧！小雲朵，今天的心情好嗎？

材料（3朵）

湯圓外皮
白色36克、黑色3克、粉色3克

內餡
抹茶餡5克×3顆

1 雲朵

將白色粉團分成12克／顆（圖1-1），依P.16「這樣包湯圓餡不失敗！」將抹茶餡包入，因雲朵的輪廓集中在上半段，包裹內餡時頂端的皮要厚些，搓圓後用翻糖工具壓出雲朵的輪廓（圖1-2），若輪廓不夠深，可用工具補強。

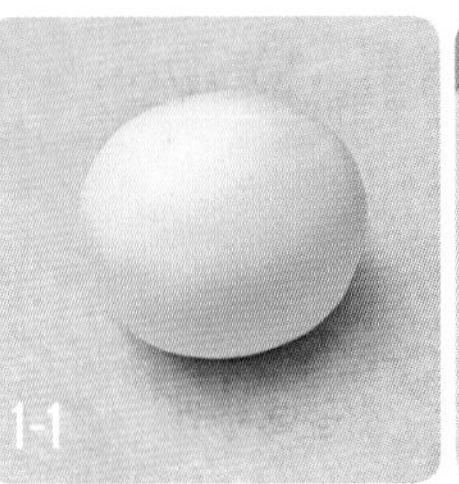
1-1

1-2

2 臉部

取2顆約芝麻大小的黑色粉團，搓圓後黏貼在臉部，輕輕壓扁，當作眼睛（圖2-1）；再取1顆芝麻大小的黑色粉團，搓成細線條，黏貼在臉部當作微笑嘴巴（圖2-2）；取2顆芝麻大小的粉色粉團，搓圓後，黏貼在臉頰兩旁，輕輕壓扁，當作腮紅（圖2-3）。雲朵湯圓完成，可現煮或冷凍保存。

2-1

2-2

2-3

難易度：★★

愛的禮讚帽子

這款禮帽造型獻給我的媽媽，謝謝您用靈巧勤勞的雙手養育我們長大，母親節希望親手為您做一碗甜蜜的造型湯圓，期待您滿足的笑臉。媽媽！我愛您！

材料（3頂）

湯圓外皮
粉色48克、綠色1克、紅色3克

內餡
抹茶餡5克×3顆

1 帽體

將粉色粉團分出3份10克／顆及3份6克／顆（圖1-1），其中10克粉團依P.16「這樣包湯圓餡不失敗！」將抹茶餡包入，搓圓備用（圖1-2）。

1-1

1-2

2 帽沿

將6克粉色粉團滾圓後搓成長條狀（圖2-1），長度要能圍起帽體，將接口處置於後方（圖2-2）。

2-1

2-2

3-❶ 玫瑰花1

取1顆紅豆大小、1顆綠豆大小的紅色粉團（圖3-1），搓圓後再搓成長條狀（圖3-2）。

3-1

3-2

3-❷ 玫瑰花2

用翻糖工具壓出波浪花紋（圖3-3），將波浪花紋粉團捲起（花紋在外）（圖3-4），做成2朵小花朵，黏貼在帽子側邊（圖3-5）。

3-3

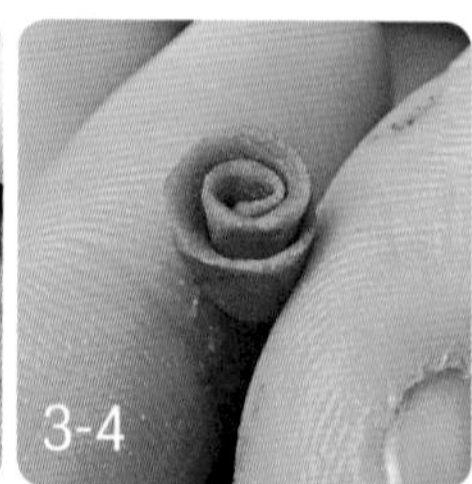
3-4

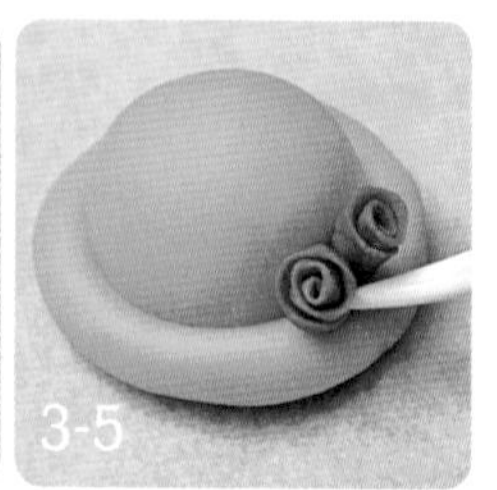
3-5

4 葉子

取數顆綠豆大小的綠色粉團，搓圓後再搓成小水滴狀（圖4-1），尖頭向外，貼在玫瑰花兩側（圖4-2），用翻糖工具壓出葉子的凹痕（圖4-3），帽子湯圓完成（圖4-4），可現煮或冷凍保存。

4-1

4-2

4-3

4-4

美姬老師小叮嚀

玫瑰花及葉子都要盡量黏貼好，防止煮食時脫落。
葉子要做出凹痕，才能有擬真的感覺。

萌噠噠小白兔

做法請見下一頁！

萌噠噠小白兔

難易度：★★

圓滾滾、毛茸茸的小白兔最可愛了，捧在手心怕化了，放在嘴裡最安心！

材料（3隻）

湯圓外皮
白色36克、黑色1克、粉色3克

內餡
紅豆餡5克×3顆

1 身體

將白色粉團分成10克／顆（圖1-1），依P.16「這樣包湯圓餡不失敗！」將紅豆餡包入，滾圓後備用。

1-1

2 耳朵

取兩顆花豆（大紅豆）大小的白色粉團搓成水滴形（圖2-1），黏貼在身體上方，尖端處略微壓扁（圖2-2），當作兔子耳朵。

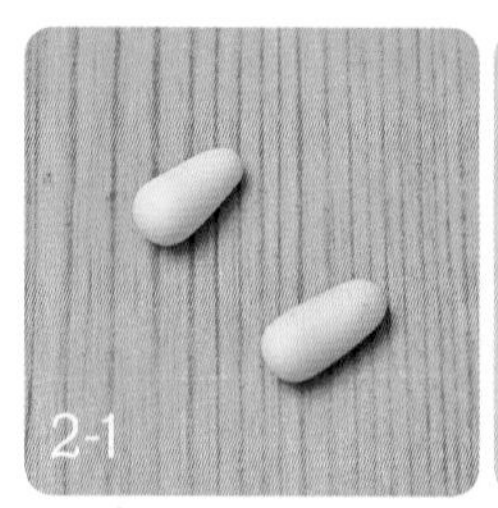
2-1

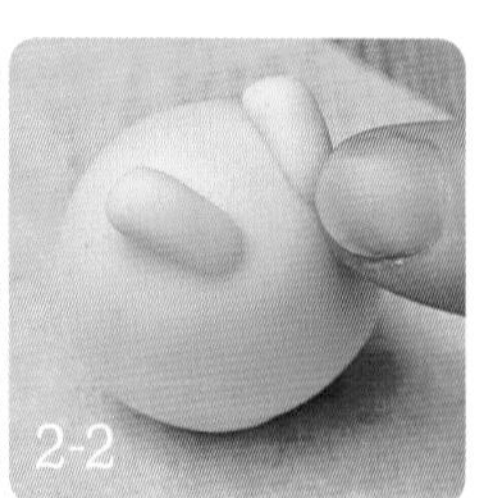
2-2

3 尾巴

取1顆紅豆大小的白色粉團（圖3-1），搓圓後黏貼在身體後方（圖3-2），當作尾巴。

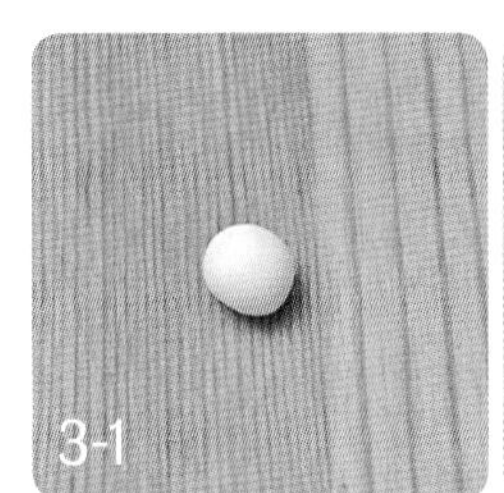
3-1

3-2

Tips

尾巴因為不需要壓扁，所以可以沾少許的水在湯圓表面，增加黏性。

4 眼睛

取兩顆芝麻大小的黑色粉團，搓圓後黏貼在湯圓前端，輕輕壓扁（圖4-1），當作眼睛。

4-1

5 鼻子&嘴巴

取1顆1/2綠豆大小的粉色粉團，搓圓後黏貼在眼睛下方中間，輕輕壓扁，當作鼻子（圖5-1）；用牙籤在鼻子下方壓出人中和嘴巴（圖5-2）。

5-1

5-2

6 腮紅

取兩顆芝麻大小的粉色粉團，搓圓後黏貼在臉頰兩側，輕輕壓扁（圖6-1），當作腮紅。兔子湯圓完成（圖6-2），可現煮或冷凍保存。

6-1

6-2

難易度：★★

遨遊星際飛碟

讓我們一起想像乘著飛碟遨遊星際，遠到外太空去旅行，探訪太陽系的各大行星，領略行星的美麗風景，和外星人們做好朋友！

材料（3只）

湯圓外皮
藍色36克、淺灰色12克、白色1克

內餡
起司餡5克×3顆

1 本體&外圍

將藍色粉團分成10克／顆（圖1-1），依P.16「這樣包湯圓餡不失敗！」將起司餡包入，搓圓後備用。取4克淺灰色粉團搓圓後，再搓成長條狀（長度需可圍繞藍色粉團）（圖1-2），黏在藍色大球的中段位置（圖1-3），以拇指及食指將邊緣處捏扁（圖1-4）。

1-1

1-2

1-3

1-4

2 窗戶

取3顆約米粒大小的白色粉團，搓圓後黏貼在外圍的上方（圖2-1），輕輕壓扁當作小窗戶（圖2-2）。 飛碟湯圓完成，可現煮或冷凍保存。

2-1

2-2

難易度：★★

翹翹狗屁股

可愛狗狗一頭栽進泥土裡，是在找什麼？狗骨頭嗎？
煮湯圓時宛如一頭扎進水裡的姿勢，實在可愛極了！
記得腳掌肉球要貼好，以防煮食時脫落哦！

材料（3隻）

湯圓外皮
橘色39克、白色15克、粉色3克

內餡
花生餡5克×3顆

1 屁股主體

將橘色粉團分成10克／顆，準備做狗狗屁股主體。依P.16「這樣包湯圓餡不失敗！」將花生餡包入，滾圓備用（圖1-1）。

1-1

2-❶ 屁股白毛1

取3克的白色粉團搓圓後，滾成橢圓形（圖2-1），在橢圓形的上端壓出凹痕（圖2-2），置於饅頭紙上，再覆蓋一張饅頭紙，以手壓扁（圖2-3）。

2-1

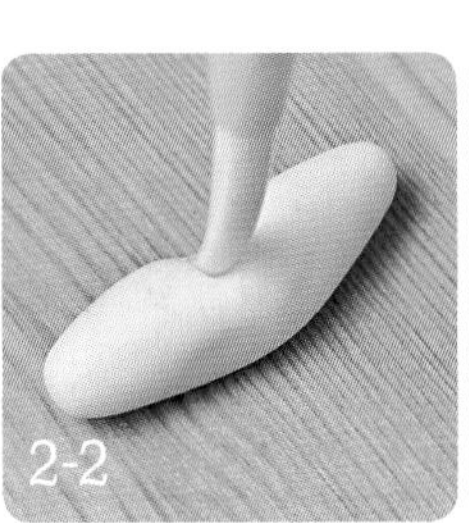
2-2

2-3

屁股白毛2

屁股白毛粉團皮完成後（圖2-4），將粉團皮貼在湯圓上方（圖2-5），以工具壓出屁股溝（圖2-6），再戳出一個小洞（圖2-7）。

2-4

2-5

2-6

2-7

3

尾巴

取1克橘色粉團，搓成長水滴狀（圖3-1），粗的部分黏貼於小洞上方，將細端捲起（圖3-2），用小刀壓出尾巴紋路（圖3-3）。

3-1

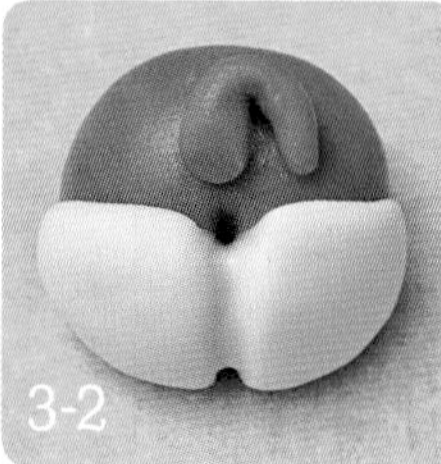
3-2

3-3

4

腳掌

取2顆黃豆大小的橘色粉團搓成圓形（圖4-1），黏貼湯圓底部兩側，用翻糖工具壓出凹痕（圖4-2），當作狗狗的腳掌。

4-1

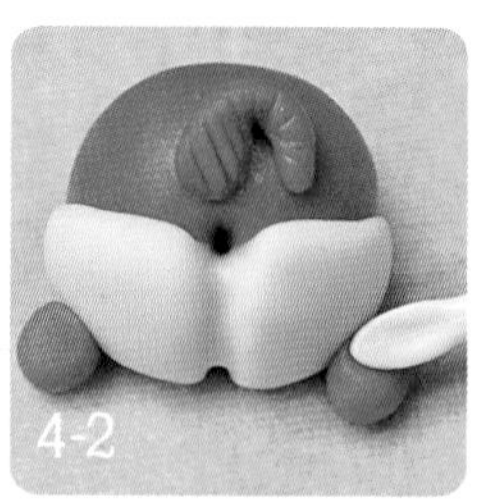
4-2

5

腳掌肉球

取1克粉色粉團，搓成2顆大圓球、6顆小圓球，黏貼在腳掌上當成腳掌肉球，其中大圓球不壓扁（圖5-1），小圓球則略微壓扁（圖5-2），狗狗屁股湯圓完成（圖5-3），可現煮或冷凍保存。

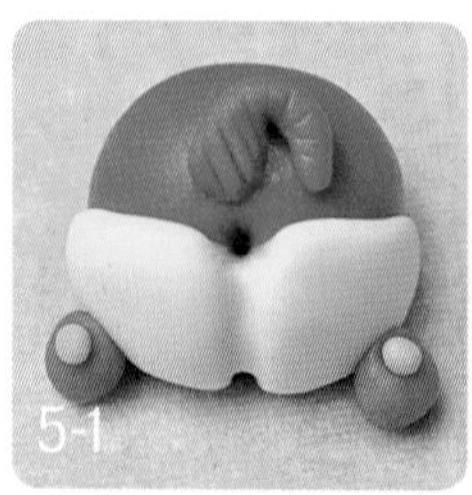
5-1

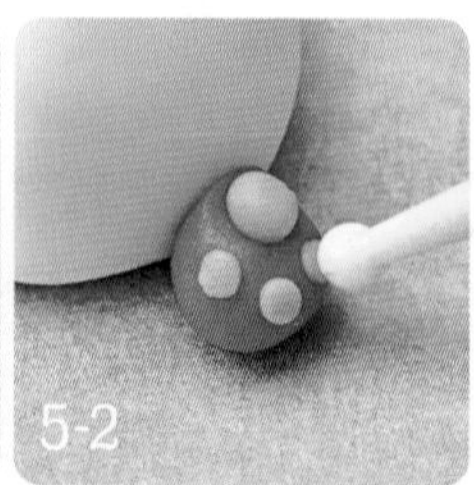
5-2

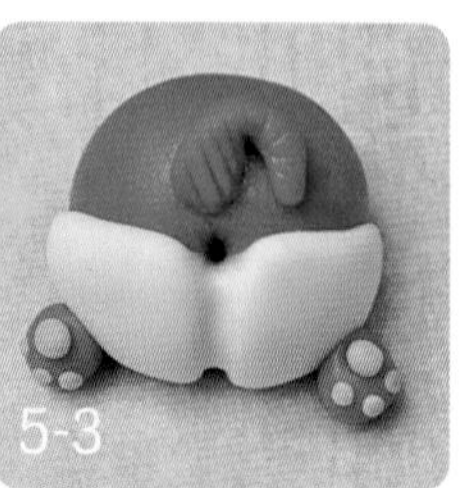
5-3

神祕外星人

做法請見下一頁！

神祕外星人

難易度：★★

你相信世界上有外星人嗎？外星人到底存不存在？現在不管有沒有外星人，自己先做幾個可愛的外星人湯圓來玩玩。嗶兜～嗶兜～外星人降落在紅豆湯了！！

材料（3隻）

湯圓外皮
草綠色粉團33克、白色粉團1克
黑色粉團1克、粉紅色粉團1克

內餡
芝麻餡5克×3顆

臉部

將草綠色粉團分成10克／顆（圖1-1），依P.16「這樣包湯圓餡不失敗！」將芝麻餡包入，搓圓後備用。

1-1

2

眼睛

取3顆黃豆大小的白色粉團搓圓後，黏貼在臉部，略微壓扁，當作眼睛（圖2-1），取3顆小黑粉團搓圓，黏貼在眼睛上，略微壓扁當作眼珠（圖2-2）。

2-1

2-2

3

嘴巴

用翻糖工具壓出微笑嘴巴（圖3-1）。

4

耳朵

取2顆黃豆大小的綠色粉團，搓成水滴形（圖4-1），尖端朝上，黏貼在頭部兩側（圖4-2），用翻糖工具壓出耳窩（圖4-3）。

5

天線

取1個紅豆大小的綠色粉團，搓成圓球後，再搓成水滴狀，尖頭朝上黏貼在頭頂當作天線（圖5-1），用翻糖工具在黏合處略微施力（圖5-2），使其黏合更好。

6

腮紅

取2個綠豆大小的粉色粉團，搓圓後，黏貼在臉頰兩側，略微壓扁當成腮紅（圖6-1）。外星人湯圓完成（圖6-2），可現煮或冷凍保存。

HAPPY

難易度：★★

萬聖節小惡魔

萬聖節是西方一年中最「鬧鬼」的一夜。小朋友在當晚總是手提一盞南瓜燈挨家挨戶討糖吃。這時做上幾顆萬聖節造型湯圓，一起來感受這西洋鬼節的熱鬧吧！

材料（3隻）

湯圓外皮
白色30克、黑色6克

內餡
芝麻餡5克×3顆

1 頭部

將白色粉團分成10克／顆，依P.16「這樣包湯圓餡不失敗！」將芝麻餡包入，搓圓後備用（圖1-1），取2克紅豆大小的黑色粉團，搓圓後黏貼在臉上當作小惡魔的眼睛（圖1-2）。

1-1

1-2

2 嘴巴＆縫線

用牙籤在臉上戳出2個小鼻孔（圖2-1），取1顆紅豆大小的黑色粉團，搓成長細線，取一小段黏貼在臉上當作小惡魔嘴巴（圖2-2），再取數小段用毛刷黏貼在嘴巴上（圖2-3），做成手術縫線及小惡魔頭上縫線（圖2-4），小惡魔湯圓完成，可現煮或冷凍保存。

2-1

2-2

2-3

2-4

難易度：★★

豐收滿滿大南瓜

萬聖節最可愛的迷你小南瓜，它的造型千變萬化，在桌上擺上幾顆，就非常有萬聖節的氣氛。在萬聖節煮上幾顆，和你的好麻吉一起分享吧！

材料（3顆）

湯圓外皮
橙色30克、綠色1克

內餡
奶油紅豆餡5克×3顆

1-1 身體1

將橙色粉團分成10克／顆（圖1-1），依P.16「這樣包湯圓餡不失敗！」將奶油紅豆餡包入，搓圓後用翻糖工具在頂端壓出凹洞（圖1-2）。

1-1

1-2

1-2 身體2

湯圓頂端壓出凹洞後，前後略微壓扁（圖1-3），後再用翻糖工具由下往上壓出南瓜的花紋（圖1-4）。再用圓球工具再壓一次圓頂凹洞（圖1-5）。

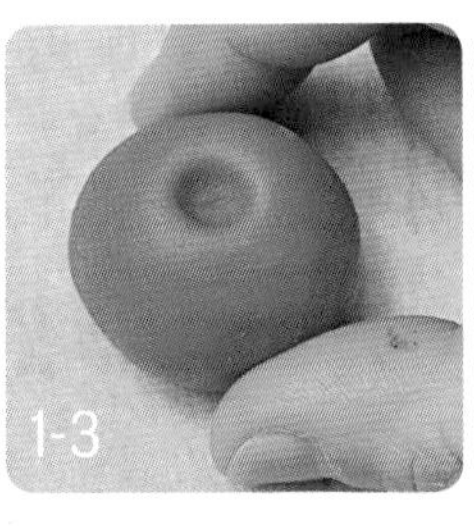
1-3

1-4

1-5

蒂頭1

取1顆黃豆大小的綠色粉團（圖2-1），搓圓後搓成水滴狀（圖2-2），黏貼在頂端的凹洞，當成蒂頭（圖2-3）。

2-1

2-2

2-3

Tips

因為頂端需要加上蒂頭，所以才需要再將圓頂的凹洞再壓一次。

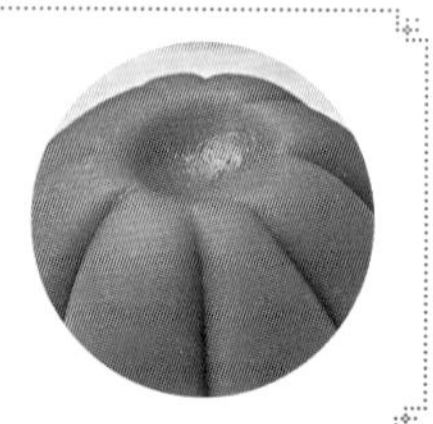

蒂頭2

用翻糖工具由上往下壓出蒂頭花紋（圖2-4），南瓜湯圓完成（圖2-5），可現煮或冷凍保存。

2-4

2-5

美姬老師小叮嚀

南瓜的蒂頭做粗一點比較可愛；壓出南瓜身上花紋要有技巧，既要清楚，讓煮食後仍可清楚看到花紋；又要小心以免力道過大，導致破皮，煮食時會露餡。

變妝 Party 惡魔之眼

做法請見下一頁！

變妝 Party 惡魔之眼

難易度：★★

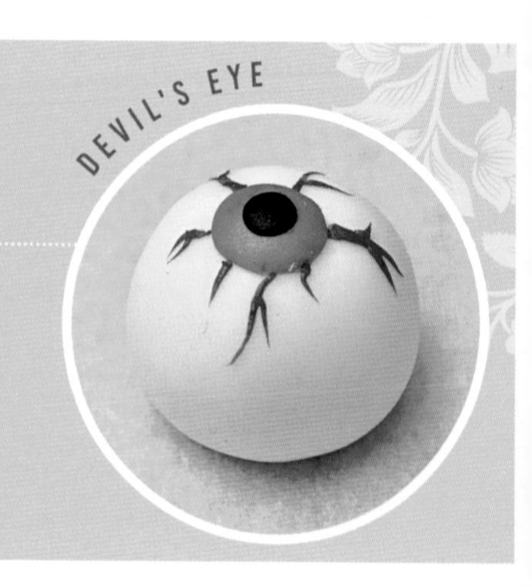

萬聖節眾鬼出沒！沒有膽量的千萬別出門！小心！惡魔之眼隨時在側，瞧！創意女巫煮好一鍋眼珠子，誰有膽量先來一碗？

材料（3顆）

湯圓外皮
白色粉團30克、綠色麵團2克
黑色粉團1克、紅色粉團1克

內餡
抹茶餡5克×3顆

1 眼睛

將白色粉團分成10克／顆（圖1-1），依P.16「這樣包湯圓餡不失敗！」將抹茶餡包入，搓圓備用。

1-1

2 眼球

取1顆0.5克綠色粉團，搓圓後黏貼在眼睛上方（圖2-1），略微壓扁（圖2-2），當作眼球。

2-1

2-2

3 瞳孔

取1顆綠豆大小的黑色粉團，搓圓後黏貼在眼球上方（圖3-1），略微壓扁（圖3-2），當作瞳孔。

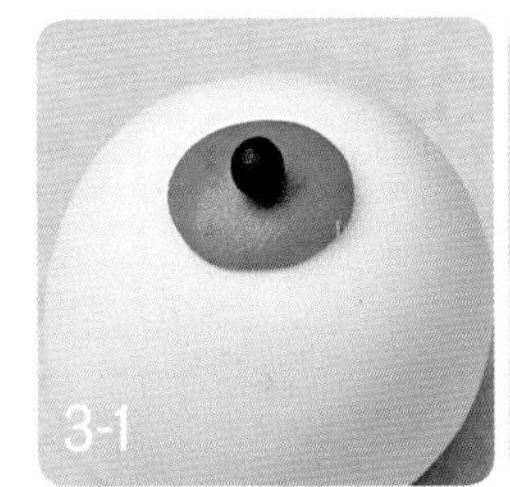
3-1

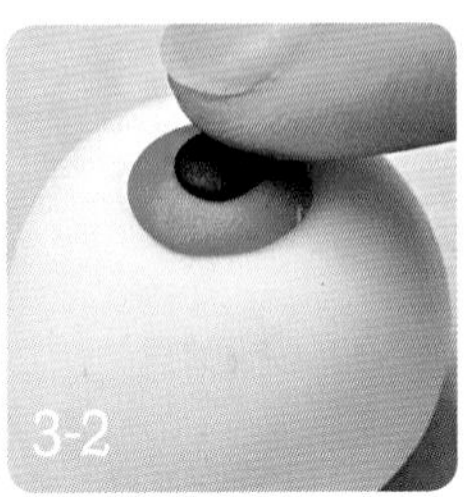
3-2

4-❶ 血絲1

取1顆紅豆大小的紅色粉團搓出細線（圖4-1），用牙籤截取細長段，粗的地方先用牙籤黏貼在綠色眼球周圍（圖4-2），再將細的地方輕輕壓扁（圖4-3）。

4-1

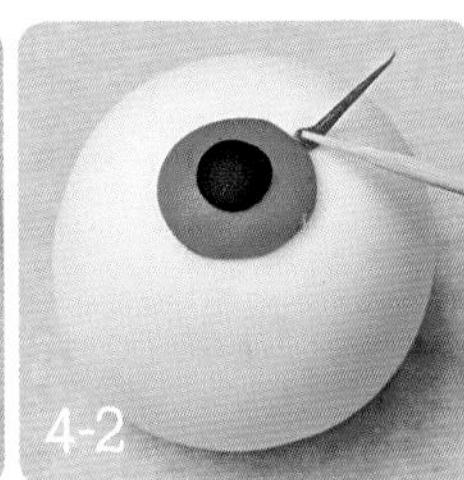
4-2

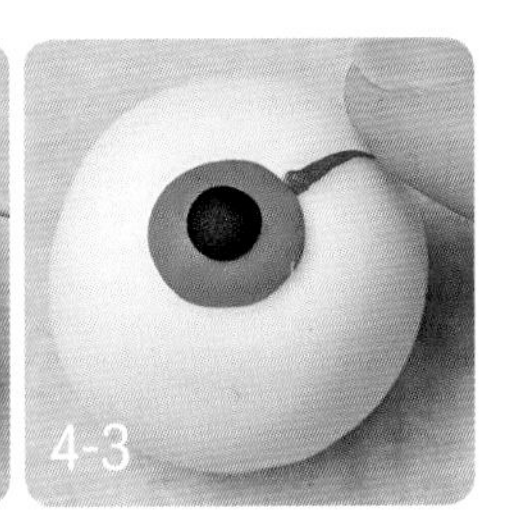
4-3

4-❷ 血絲2

重複步驟4的做法，做出或長或短的血絲（圖4-4），黏貼在眼球四周，眼球湯圓完成（圖4-5），可現煮或冷凍保存。

4-4

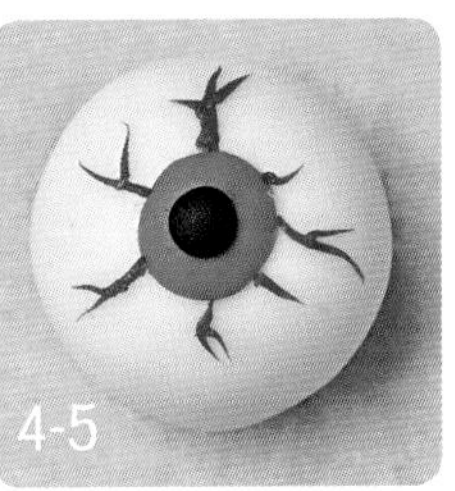
4-5

美姬老師 小叮嚀

綠色眼球的部分，可以依個人喜好變化顏色，做出不同感覺，血絲是這款湯圓的重點，要注意血絲有長有短才會逼真。

難易度：★★

好彩頭白蘿蔔

白蘿蔔又叫「菜頭」，諧音就是好「彩頭」，因此逢年快節最容易被拿來當作「好彩頭」贈送給親朋好友。做白蘿蔔湯圓，希望你年頭到年尾，天天好彩頭！

材料（3顆）

湯圓外皮
白色30克、綠色9克

內餡
芝麻餡5克×3顆

白蘿蔔主體1

將白色粉團分成10克／顆，依P.16「這樣包湯圓餡不失敗！」將芝麻餡包入，滾圓備用（圖1-1）。

1-1

1-②

白蘿蔔主體2

將蘿蔔身體的尾端以左右捏尖（圖1-2）、上下捏扁的方式（圖1-3），捏成尖狀，做成蘿蔔鬚（圖1-4），再用小刀壓出蘿蔔身體上的紋路（圖1-5）。

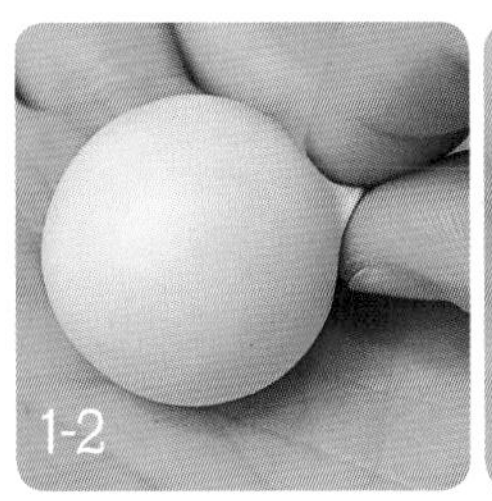
1-2

1-3

1-4

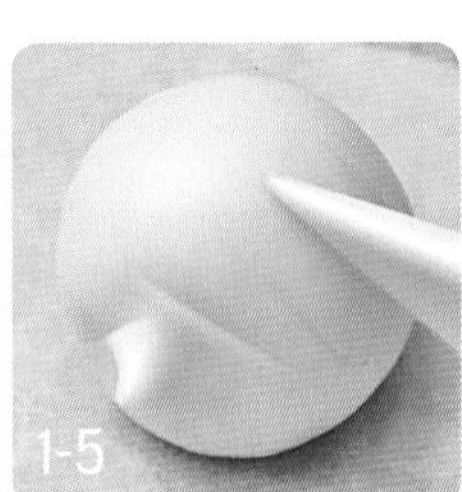
1-5

2-❶ 葉子1

取3克的綠色粉團搓成圓形後，再搓出水滴形（圖2-1），略微壓扁（圖2-2）後備用。

2-1

2-2

2-❷ 葉子2

以翻糖工具切上兩刀（圖2-3），再以爪形工具壓出紋路（圖2-4），做出葉片模樣。

2-3

2-4

2-❸ 葉子3

將湯圓頭部壓出凹槽（圖2-5），塗抹少許清水，將葉子黏在蘿蔔頭部（圖2-6），蘿蔔湯圓完成（圖2-7），可現煮或冷凍保存。

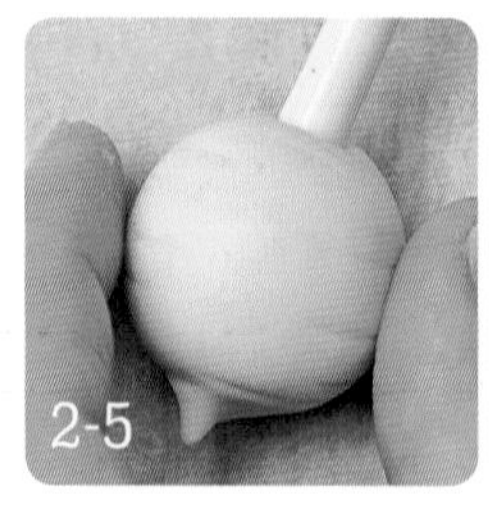
2-5

2-6

2-7

美姬老師小叮嚀

蘿蔔身體上的紋路要輕壓，以免破皮，煮食時容易露餡。

Part 4 進階造型湯圓

當造型愈來愈複雜，耐性卻愈來愈穩健；當做法的細節愈來愈多，湯圓的可愛度就更上一層。要成功，唯用心而已。

難易度：★★★

游向大海小海龜

將海龜在大海裡自由自在的身影，縮小縮小再縮小，
變成一隻超可愛的小海龜，悠游在家裡的碗公裡！

材料（3隻）

湯圓外皮
綠色30克、淺綠色12克
黑色1克、粉色1克

內餡
抹茶餡5克×3顆

1 背甲

將綠色粉團分成10克／顆（圖1-1），依P.16「這樣包湯圓餡不失敗！」將抹茶餡包入，搓圓後備用。

1-1

2 身體

取3克淺綠色粉團搓圓後，再搓成頭大（粗）尾小（細）的蝌蚪形（圖2-1），以粗上細下黏貼於身體上（圖2-2）。

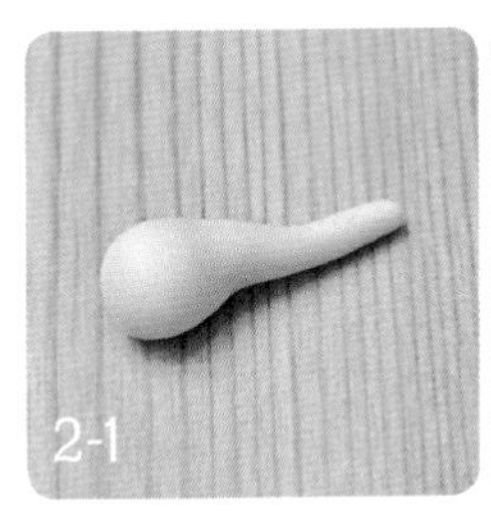
2-1

2-2

3 四肢

取4顆約黃豆大小的淺綠色粉團，搓圓後再搓成水滴形（圖3-1），將粗的部分黏貼在身體的四周當作四肢，並將四肢略微捏扁做出滑水的姿勢（圖3-2）。

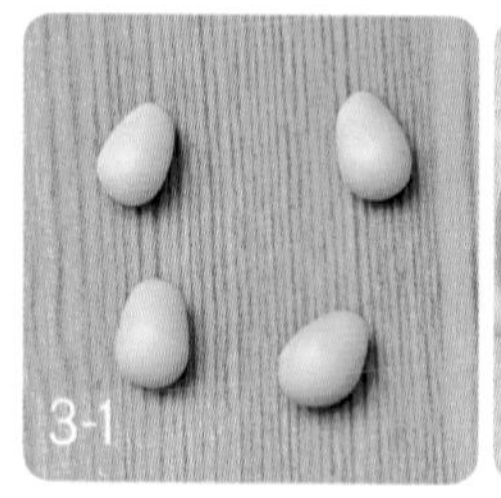
3-1

3-2

4 臉部

取兩個綠豆大小的黑色粉團，搓圓後黏貼在頭部，略微壓扁當作眼球（圖4-1）。用牙籤在臉部刺出鼻孔（圖4-2）；並用翻糖工具壓出微笑嘴巴（圖4-3）。

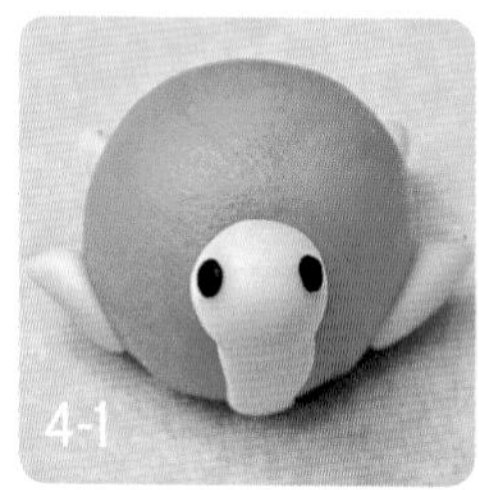
4-1

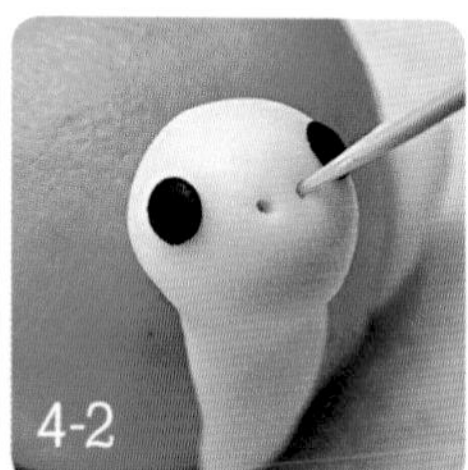
4-2

4-3

5 腮紅

取芝麻大小的粉色粉團搓出兩個小球，輕輕黏貼在臉部的兩側，略微壓扁當作腮紅（圖5-1）。海龜湯圓完成（圖5-2），可現煮或冷凍保存。

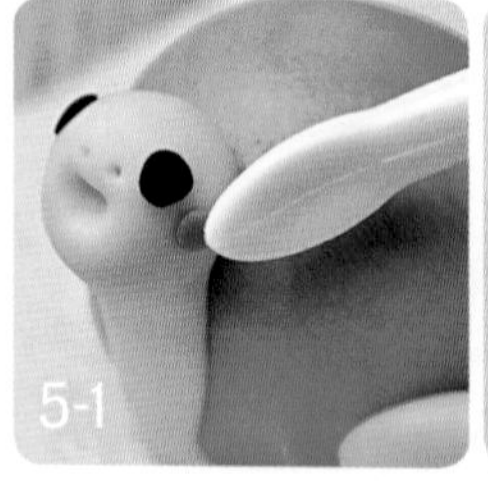
5-1

5-2

美姬老師 小叮嚀

海龜的頭比較大，務必要將粉團揉均勻，趁軟黏合上來，否則煮的時候容易脫落。

胖嘟嘟大貓熊

做法請見下一頁！

胖嘟嘟大貓熊

難易度：★★★

體色為黑白兩色的可愛大熊貓，有著圓圓的臉頰、大大的黑眼圈、胖嘟嘟的身體，尤其是內八字的行走方式，實在萌翻天！難怪被譽為世界上最可愛的動物之一。

材料（3隻）

湯圓外皮

白色31克、黑色6克、粉色1克

內餡

芝麻餡5克×3顆

1 身體

將白色粉團分成10克／顆（圖1-1），依P.16「這樣包湯圓餡不失敗！」將芝麻餡包入，搓圓後備用。

1-1

2 耳朵

取兩顆紅豆大小的黑色粉團（圖2-1），搓圓後黏貼在湯圓上方，略微壓扁，整成半月形（圖2-2），當作貓熊耳朵。

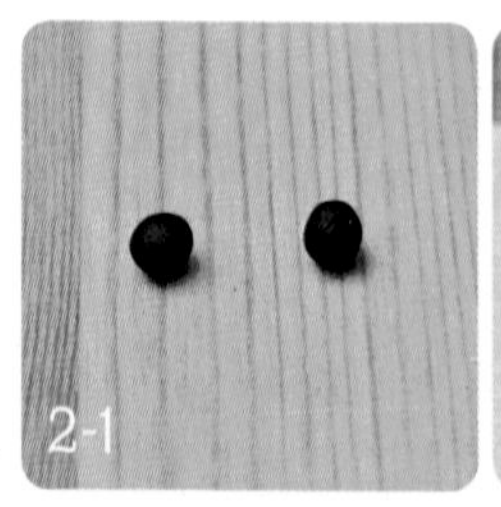
2-1

2-2

3 黑眼圈

取兩顆0.5克的黑色粉團（圖3-1），搓圓後搓成橢圓形，黏貼成八字形在臉上（圖3-2），輕輕壓扁，當作貓熊的黑眼圈。

3-1

3-2

Tips 黑眼圈要盡量壓扁會比較自然哦！

4 眼睛

取兩顆芝麻大小的白色粉團，搓圓後黏貼在臉上，輕輕壓扁（圖4-1），當作眼睛。再取兩顆半顆芝麻大小的黑色粉團，搓圓後黏貼在眼睛當作眼球（圖4-2）。

4-1

4-2

5 鼻子&嘴巴

取1顆1/2芝麻大小的黑色粉團，搓圓後黏貼在臉部中央，輕輕壓扁（圖5-1），當作鼻子。用牙籤做出嘴巴上的人中（圖5-2）；再用翻糖工具壓出微笑嘴巴（圖5-3）。

5-1

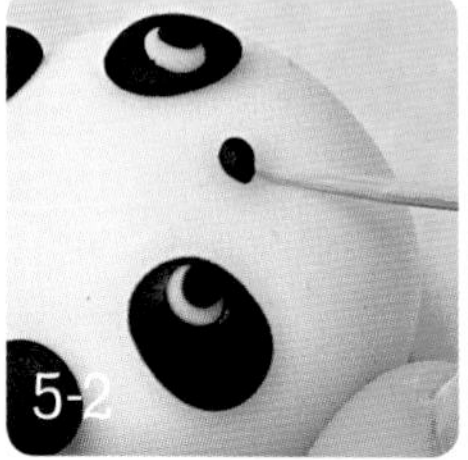
5-2

5-3

6 腮紅

取兩顆芝麻大小的粉色粉團，搓圓後黏貼在臉頰兩側，輕輕壓扁（圖6-1），當作腮紅。貓熊湯圓完成，可現煮或冷凍保存。

6-1

難易度：★★★

呱呱黃色小鴨

一隻鴨、兩隻鴨、三隻鴨……，哇！大家都下水了！寶貝們要小心，跟緊在媽媽後面游不要亂跑，小心迷路了就找不到回家的路喲！

材料（3隻）

湯圓外皮

黃色39克、黑色1克、粉色1克
橘色1克、白色1克

內餡

巧克力餡5克×3顆

1 身體

將黃色粉團分成10克／顆（圖1-1），依P.16「這樣包湯圓餡不失敗！」將巧克力餡包入，搓圓後備用。

1-1

2 頭部

取1顆1.5克的黃色粉團搓圓（圖2-1），黏貼在身體上端，略微壓扁（圖2-2），當作頭部。

2-1

2-2

3 翅膀

取兩顆0.5克的黃色粉團，搓圓後再搓成水滴狀（圖3-1），整個黏貼在湯圓側邊，略微壓扁（圖3-2），當作鴨子的翅膀，並用雕刻小刀壓出翅膀的紋路（圖3-3）。

3-1

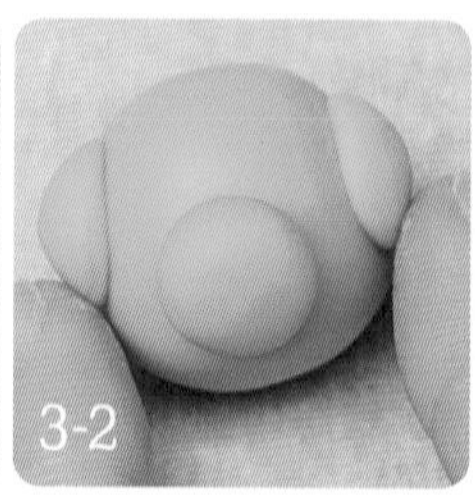
3-2

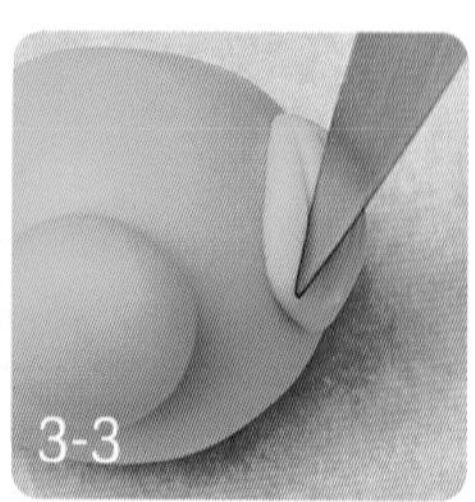
3-3

4 眼睛

取兩顆綠豆大小的白色粉團，搓圓後黏貼在頭上，輕輕壓扁當作眼球（圖4-1）；再取兩顆芝麻大小的黑色粉團，搓圓後黏貼在眼球上，當作瞳孔（圖4-2）。

4-1

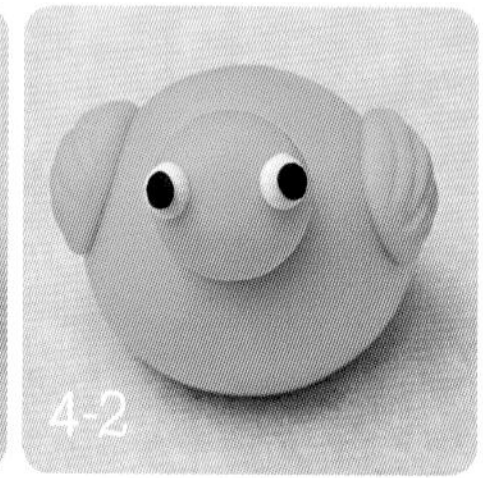
4-2

5 鼻子

用牙籤在臉部戳出兩個小洞（圖5-1），當作鼻孔。

Tips

兩個小洞要刺深一點，以免煮食後因膨脹而變模糊。

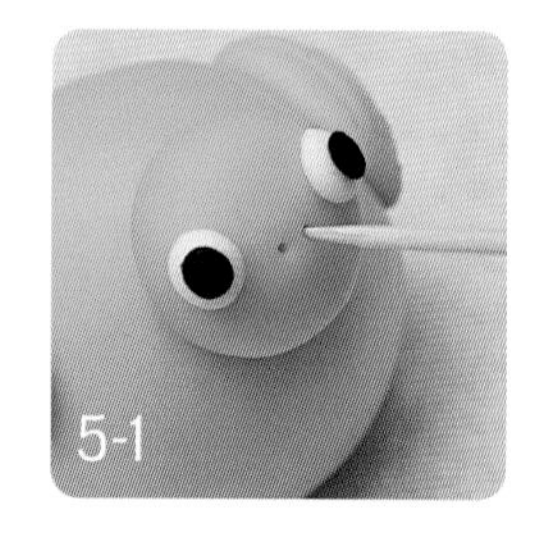
5-1

6 嘴巴

取1顆紅豆大小的橘色粉團，搓成橢圓形，黏貼在鼻子下方，用手輕輕捏扁（圖6-1），當作嘴巴。

嘴巴黏貼時，可以抹一點水確實黏緊，以免煮食時脫落。

6-1

7 嘴巴

將身體背後的中央位置，以上下捏扁、左右捏尖方式，捏出小尖形（圖7-1），當作鴨屁股。

Tips

尖屁股小小的才會可愛，捏得過大反而不美。

7-1

8 腮紅

取兩顆芝麻大小的粉色粉團，搓圓後黏貼在臉頰兩側，輕輕壓扁（圖8-1），當作腮紅。小鴨湯圓完成（圖8-2），可現煮或冷凍保存。

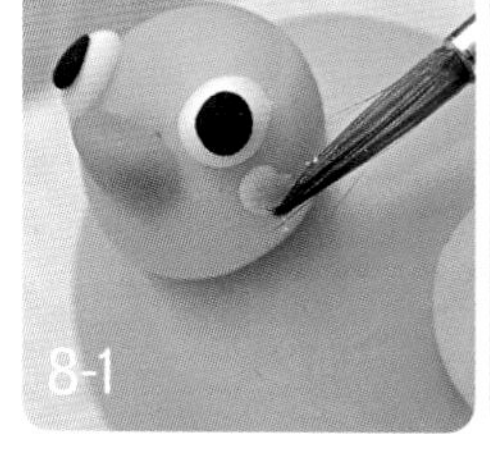

8-1

8-2

美姬老師小叮嚀

1 頭部不可以做太大，且要確實黏緊，否則容易在煮食時脫落。
2 可以用這個尺寸做出的小鴨當成鴨媽媽，再依同樣的步驟，做出數隻再小一號、不包餡的鴨寶寶，做出母鴨帶小鴨的可愛模樣。

難易度：★★★

悠哉小蝸牛

聽過「蝸牛與黃鸝鳥」嗎？蝸牛背著重重的殼，一步一步的往上爬！總愛在春夏季雨後出現的蝸牛，是用它的觸角在打探周遭的環境，因為牠可是天生的大近視呢！

材料（3隻）

湯圓外皮

白色25克、棕色6克、膚色9克
黑色1克、粉色1克

內餡

巧克力餡5克×3顆

1 殼

將白色粉團分為3份的8克／顆、棕色粉團分成3份2克／顆，將白色與棕色兩者大致混合成琉璃粉團（P.33）後，依P.16「這樣包湯圓餡不失敗！」將巧克力餡包入，搓圓後備用（圖1-1）。

1-1

2 尾巴

將3克的膚色粉團搓成頭大（粗）尾小（細）蝌蚪形（圖2-1），以粗上細下的方式黏貼在殼的下方當作蝸牛的頭尾（圖2-2）。頭部的高度在球一半的位置。

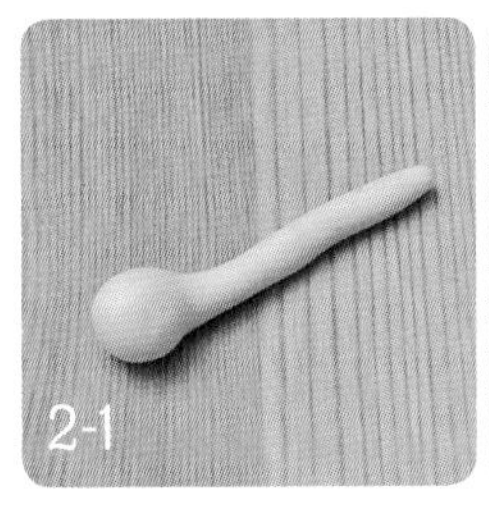
2-1

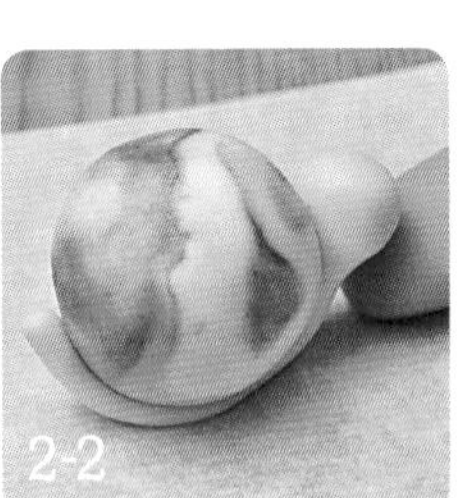
2-2

3

眼睛

取兩顆綠豆大小的白色粉團，以手指搓成小圓球狀，黏貼在頭上，略微壓扁當作眼球（圖3-1）；再取出兩顆芝麻大小的黑色粉團，搓成球狀黏貼在眼球上，略微壓扁當作眼珠（圖3-2）。

3-1

3-2

4

鼻子&嘴巴

用牙籤刺出小洞當作鼻孔（圖4-1），用翻糖工具壓出微笑嘴巴（圖4-2）。

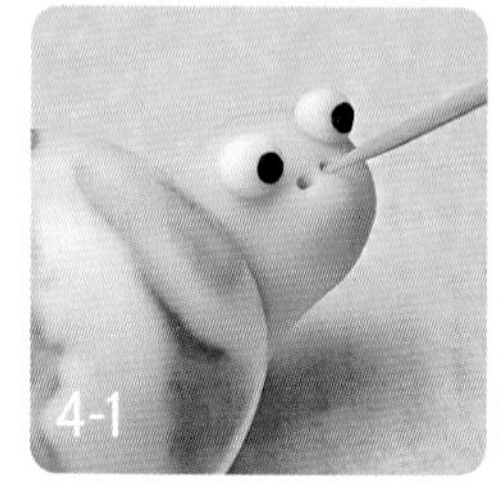
4-1

4-2

5

腮紅

取兩顆芝麻大小的粉色粉團，搓成兩顆小圓球，黏貼在臉部兩側，略微壓扁當作腮紅（圖5-1）。蝸牛湯圓完成（圖5-2），可現煮或冷凍保存。

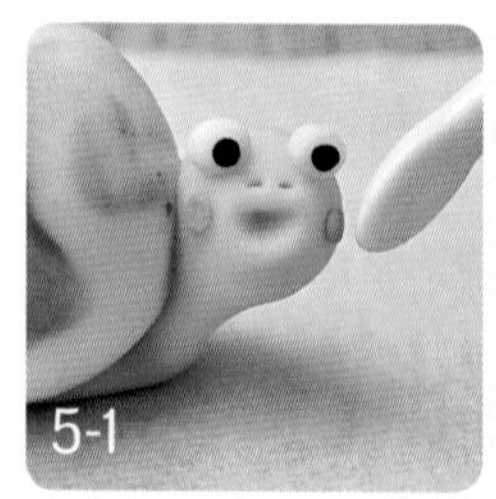
5-1

5-2

美姬老師小叮嚀

切記棕色與白色不需要混得很均勻，才能製造出蝸牛外殼的感覺。

粉紅快樂小豬

做法請見下一頁！

粉紅快樂小豬

難易度：★★★

齁齁齁～小豬準備在泥巴裡打滾囉！滾呀滾、轉呀轉，弄髒身體也不害怕，一起跳到熱開水裡，洗個熱水澡吧！

材料（3隻）

湯圓外皮
淺粉色30克、粉色6克
紅色1克、黑色2克

內餡
芝麻餡5克×3顆

1 身體

將淺粉色粉團分成10克／顆（圖1-1），依P.16「這樣包湯圓餡不失敗！」將芝麻餡包入，搓圓後備用。

1-1

2 耳朵

取兩顆紅豆大小的粉色粉團，搓圓後再搓成水滴形（圖2-1），按壓在頭上前端兩側，略微壓扁（圖2-2），當作耳朵。

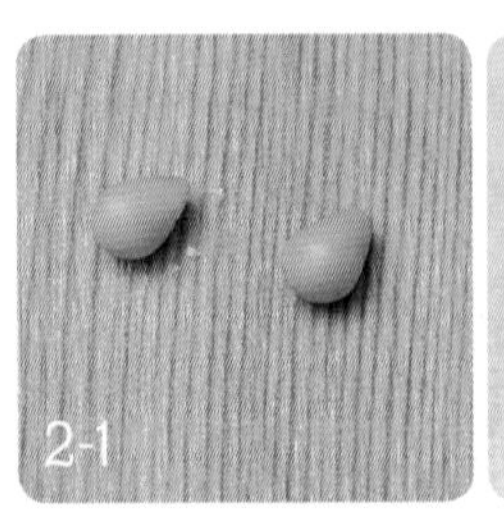
2-1

2-2

3

鼻子

取1顆紅豆大小的粉色粉團，搓圓後黏貼在臉部中心點，略微壓扁（圖3-1），用牙籤刺出鼻孔（圖3-2），同時用牙籤由下往上（圖3-3）壓出嘴巴（圖3-4）。

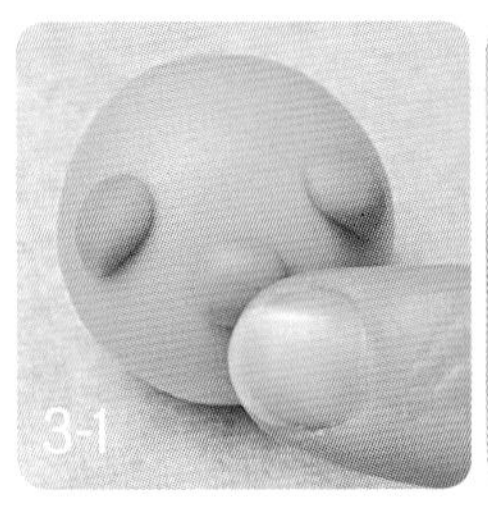

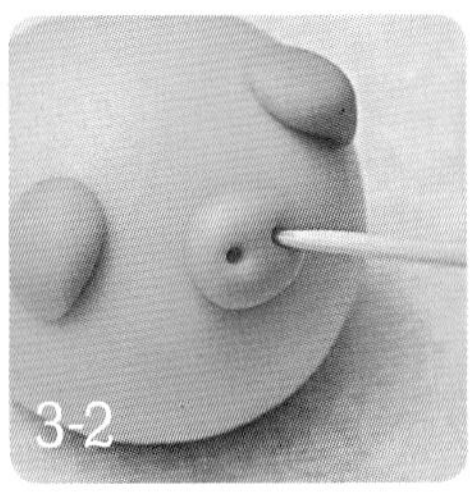

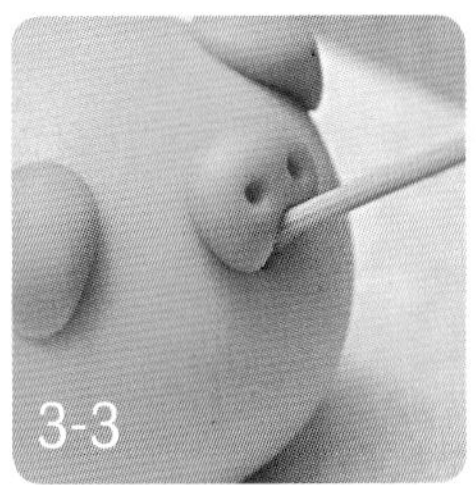

4

尾巴

取1顆紅豆大小的粉色粉團，搓成水滴形後黏貼在背後捲起（圖4-1），輕輕壓扁，當作尾巴（圖4-2）。

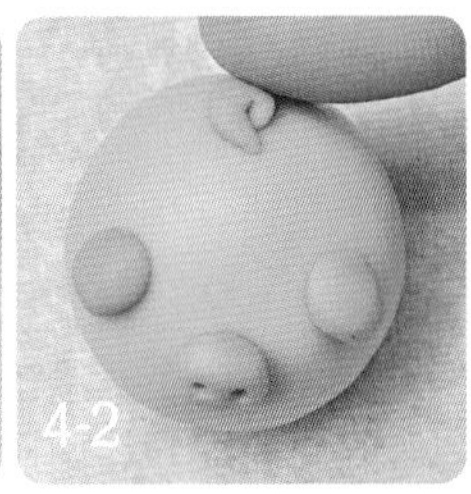

5

眼睛

取兩顆芝麻大小的黑色粉團，搓圓後黏貼在臉部，輕輕壓扁（圖5-1），當作眼睛。

6

腮紅

取兩顆芝麻大小的紅色粉團，搓圓後黏貼在臉頰兩側，輕輕壓扁（圖6-1），當作腮紅。小豬湯圓完成（圖6-2），可現煮或冷凍保存。

難易度：★★★

搖搖擺擺小企鵝

笑咪咪、走起路來搖搖擺擺的小企鵝們！來吧！來吧，快快排隊走入我的小餐盤吧！我在盤上鋪滿雪，一起來打雪仗吧！

材料（3隻）

湯圓外皮
白色 36克、黑色12克、橘色3克、粉色1克

內餡
芝麻餡5克×3顆

1 身體

將白色粉團分成10克／顆（圖1-1），依P.16「這樣包湯圓餡不失敗！」將芝麻餡包入，搓圓後備用。

1-1

2-❶ 外衣1

取3克的黑色粉團（圖2-1），搓圓後再搓成兩頭尖尖、長約7公分的長條狀（圖2-2），並在中間捏出小尖角（圖2-3）。

2-1

2-2

2-3

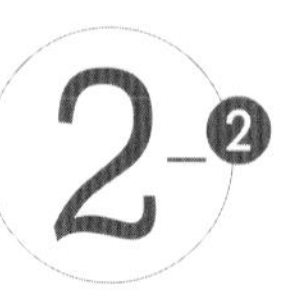

外衣2

將黑色粉團置於饅頭紙上後再覆蓋一張饅頭紙（圖2-4），用手壓扁（圖2-5）。如果弧度不夠，可以用翻糖工具推出尖角（圖2-6）。

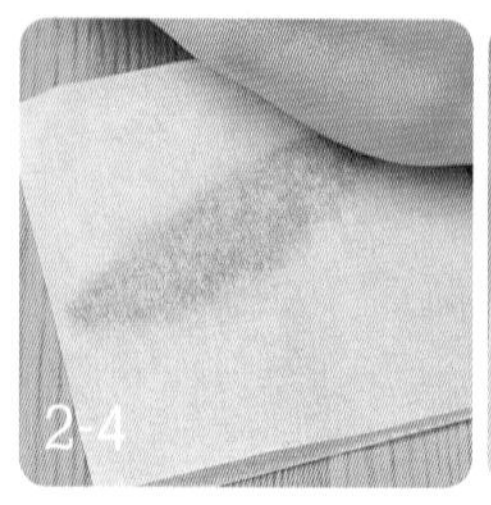
2-4

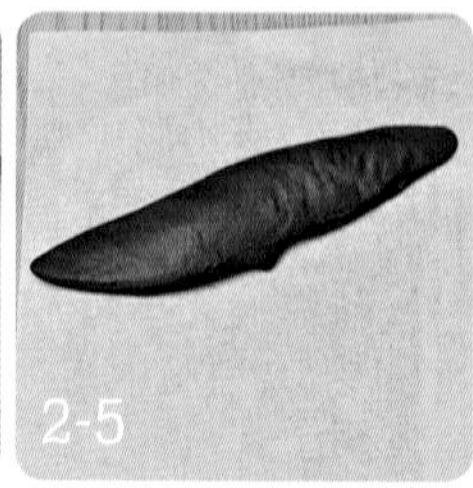
2-5

2-6

2-3

外衣3

將麵皮貼於白色小球外緣，將黏合處貼平壓扁（圖2-7），將整個白色湯圓包覆起來（圖2-8）。

2-7

2-8

3

翅膀

取兩顆紅豆大小的黑色粉團，搓圓後搓成橢圓形（圖3-1），尖端部分黏貼在身體的兩側（圖3-2），捏出翅膀做出搖擺的姿勢（圖3-3）。

3-1

3-2

3-3

眼睛

取兩顆芝麻大小的黑色粉團，搓圓後黏貼在臉上，輕輕壓扁（圖4-1），當作眼球。

4-1

5 嘴巴

取1顆綠豆大小的橘色粉團，搓圓後黏貼在美人尖下面（圖5-1），當作嘴巴。

5-1

6 腳

取兩顆紅豆大小的橘色粉團，搓圓後黏貼身體底部（圖6-1），用切割刀壓出腳趾頭（圖6-2）。

6-1

6-2

7 腮紅

取兩顆芝麻大小的粉色粉團，搓圓後黏貼在臉頰兩側，輕輕壓扁（圖7-1），當作腮紅。企鵝湯圓完成（圖7-2），可現煮或冷凍保存。

7-1

7-2

美姬老師 小叮嚀

黑色外皮推開時要留意美人尖的外型，以防歪斜不好看；另外翅膀要略微外翻，才有搖擺的感覺。

難易度：★★★

碰碰跳小青蛙

呱呱呱！可愛的小青蛙，最愛在池塘裡跳上跳下。撲通！跳到我的碗裡來了，小心！我要親你一下，看你是否會變王子？！

材料（3隻）

湯圓外皮

草綠色33克、黑色 1克、粉色1克

內餡

抹茶餡5克×3顆

1 臉部

將草綠色粉團分成10克／顆（圖1-1），依P.16「這樣包湯圓餡不失敗！」將抹茶餡包入，搓圓後備用。再取兩顆0.5克的草綠色粉團，搓圓後備用（圖1-2）。

1-1

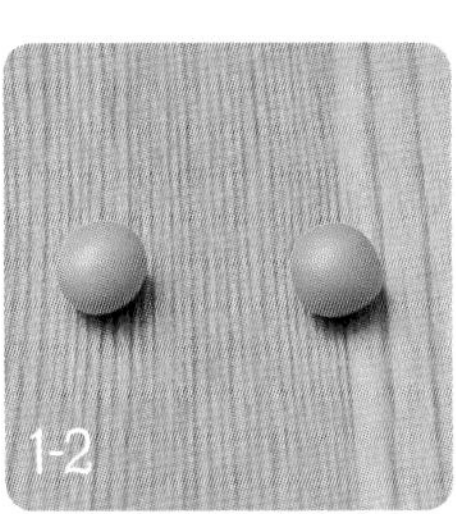
1-2

2-❶ 眼睛1

取兩顆0.5克的草綠色粉團（圖2-1），搓圓後黏貼在頭上，輕輕將前後捏扁（圖2-2），當作眼睛。

2-1

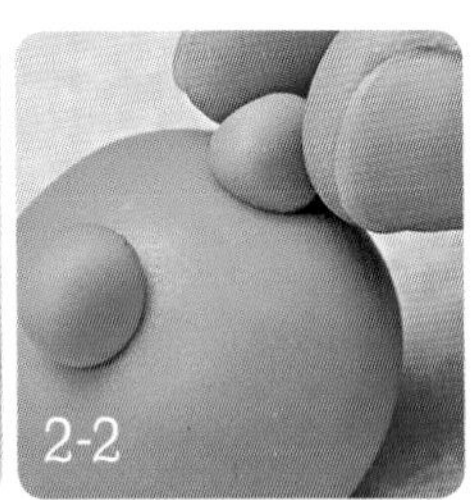
2-2

2-❷ 眼睛2

取兩顆1/2綠豆大小的黑色粉團（圖2-3），搓圓後黏貼在眼睛上，輕輕壓扁（圖2-4），當作眼珠。

2-3

2-4

3 鼻孔&嘴巴

用牙籤在臉部刺出小洞當作鼻孔（圖3-1）；用翻糖工具壓出微笑嘴巴（圖3-2）的形狀。

3-1

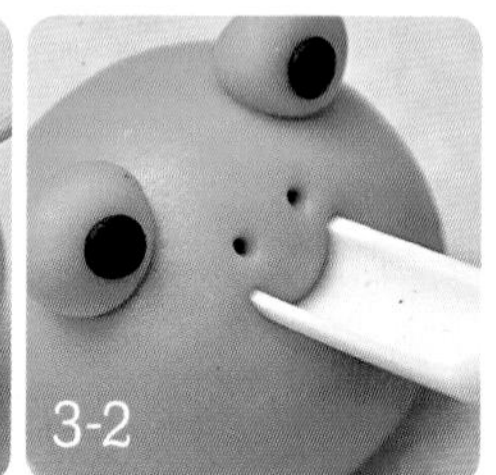
3-2

4 腮紅

取兩顆紅豆大小的粉色粉團，搓圓（圖4-1）後黏貼在臉頰兩側，當作腮紅。青蛙湯圓完成（圖4-2），可現煮或冷凍保存。

4-1

4-2

美姬老師小叮嚀

眼睛要盡量貼好，以免煮食時脫落；鼻孔和嘴巴要戳深一點，以免煮食後因粉團膨脹變得模糊。

夢幻波斯貓

做法請見下一頁！

夢幻波斯貓

難易度：★★★

有著藍眼睛的夢幻波斯貓，翻滾在糖水中，甜甜蜜蜜、QQ 彈彈，入口就是濃濃的幸福感，吃過一顆再一顆，意猶未盡！

材料（3隻）

湯圓外皮
白色33克、藍色1克、粉色1克

內餡
花生餡5克×3顆

身體

將白色粉團分成10克／顆（圖1-1），依P.16「這樣包湯圓餡不失敗！」將花生餡包入，搓圓後備用。

1-1

2 耳朵

取1顆紅豆大小的白色粉團、1顆綠豆大小的粉色粉團，分別搓圓後再搓成略尖的橄欖形（圖2-1），重疊在一起壓平，切半後黏貼在頭上（圖2-2），略微推尖（圖2-3），再用翻糖工具壓出耳朵輪廓（圖2-4）。

2-1

2-2

2-3

2-4

3 鼻子

取兩顆綠豆大小的藍色粉團，搓圓後黏貼在臉上，輕輕壓扁（圖3-1）；再取一顆西米露大小、一顆1/2芝麻大小的白色粉團，搓圓後黏貼在眼睛上，當作眼睛亮點（圖3-2）。

4 鼻頭

取1顆約芝麻大小的粉色粉團，搓圓後黏貼在臉部中央當作鼻頭（圖4-1）；再用牙籤壓出嘴巴（圖4-2）及鬍鬚（圖4-3）。

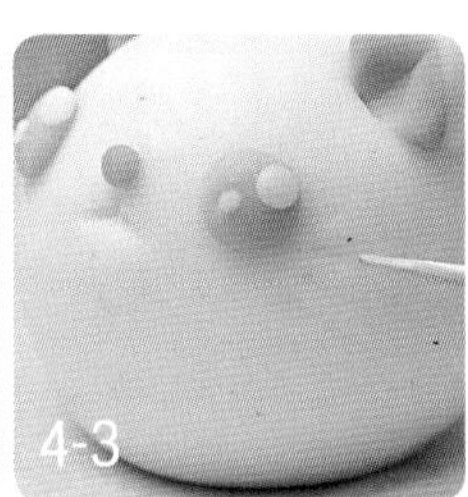

Tips

用牙籤壓出貓咪的嘴巴及鬍鬚時，動作要輕柔，以免壓破皮，煮食時會露餡。

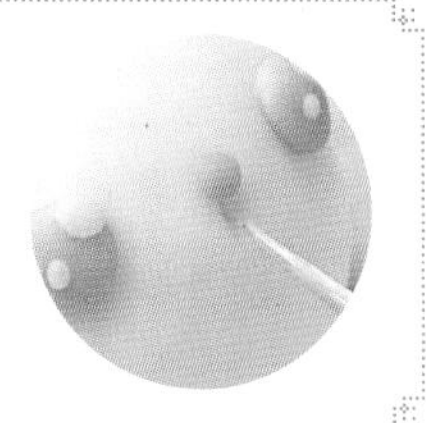

5 腮紅

取兩顆芝麻大小的粉色粉團，搓圓後黏貼在臉頰兩側，輕輕壓扁（圖5-1），當作腮紅。貓咪湯圓完成，可現煮或冷凍保存。

難易度：★★★

懶洋洋無尾熊

雖然大家稱它為無尾熊，但實際上牠不屬熊，牠是澳洲的特有種有袋類動物，全世界僅分布在澳洲的東部。懶洋洋的無尾熊，瞇著眼、帶著笑容，萌到溶化了！

材料（3隻）

湯圓外皮
灰色36克、黑色3克、白色3克、粉色1克

內餡
芝麻餡5克×3顆

1 身體

將灰色粉團分成10克／顆（圖1-1），依P.16「這樣包湯圓餡不失敗！」將芝麻餡包入，搓圓後備用。

1-1

2-❶ 耳朵1

取白色粉團1克、灰色粉團2克，分別搓圓備用（圖2-1）。將白色粉團搓成長條（圖2-2），將灰色粉團圈起（圖2-3），略微壓扁（圖2-4）備用。

2-1

2-2

2-3

2-4

耳朵2

壓扁的粉團對切成兩個半圓形的耳朵（圖2-5），用刀背壓出耳朵的輪廓（圖2-6），按貼在頭的兩旁（圖2-7），再用翻糖工具按壓出耳朵的凹陷處（圖2-8）。

2-5

2-6

2-7

2-8

3 眼睛

取1顆紅豆大小的黑色粉團，搓出線條，切出兩段（圖3-1），黏貼在臉部，做出笑咪咪的眼睛（圖3-2）。

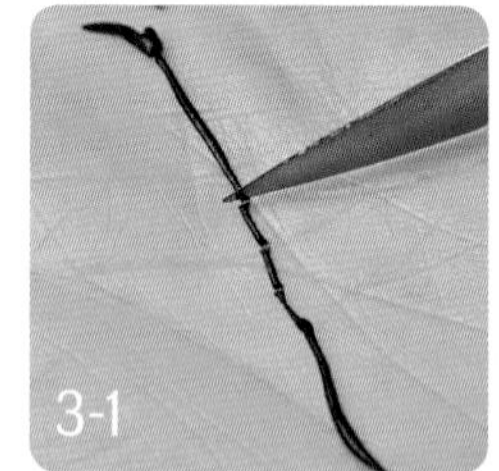
3-1

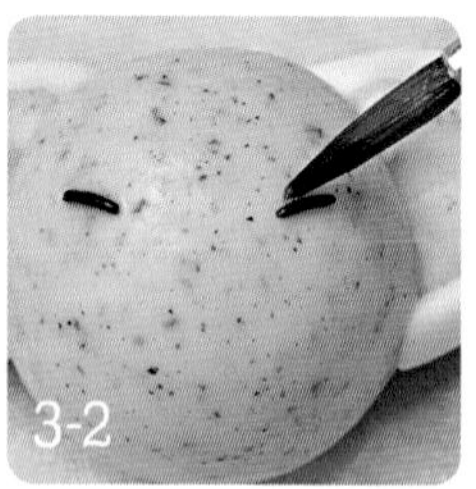
3-2

4 鼻子

取出1顆0.5克的黑色粉團，搓圓後再搓成圓潤的水滴形（圖4-1），伏貼在臉上，保留弧度（圖4-2）。

4-1

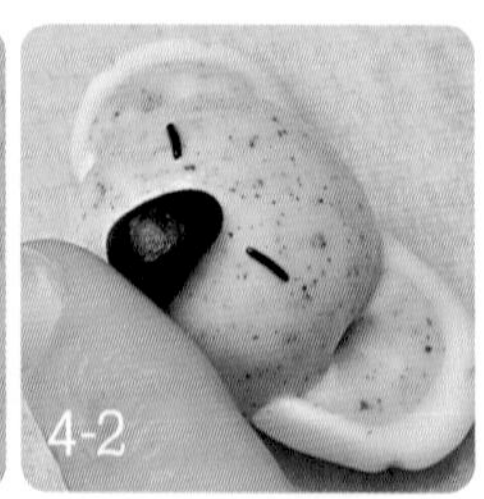
4-2

5 嘴巴

用翻糖工具在鼻子下方壓出嘴巴（圖5-1），記得壓的痕跡要明顯，以免煮食時因為膨脹而變得模糊。

5-1

6 腮紅

取兩顆芝麻大小的粉色粉團，搓圓後黏貼在臉頰的兩側（圖6-1），當作腮紅。無尾熊湯圓完成，可現煮或冷凍保存。

6-1

美姬老師小叮嚀

耳朵的製作是無尾熊最重要的一環，除了耳朵盡量貼好，以防煮的時候脫落外，以刀背按壓出耳朵輪廓也要深入一點，因為煮食時，湯圓會膨脹，如果按壓不深，煮完後痕跡會完全看不見。另外無尾熊的鼻子，盡量不要壓得扁扁，以免沒有弧度，看起來不夠生動。

Part 5 高階造型湯圓

穩住手，細細捏出造型裡的小配件；穩住心情，慢慢描繪出一隻隻可愛的造型；不論再怎麼複雜，只要有心，都能成功！

難易度：★★★★

藍色噴水小鯨魚

徜徉在藍白相間的大海，乘著風、破著浪，感受這海天一色的美景！一眼望去，是群鯨豚哦！哇！ 小心，小鯨魚要噴水嘍！

材料（3隻）

湯圓外皮
白色15克、藍色18克、黑色1克、粉色1克

內餡
紅豆餡5克×3顆

1

身體

取白色粉團及藍色粉團各4克，兩色粉團置於手中，搓成藍白各半的湯圓，依P.16「這樣包湯圓餡不失敗！」將紅豆餡包入（圖1-1），滾圓備用（圖1-2）。

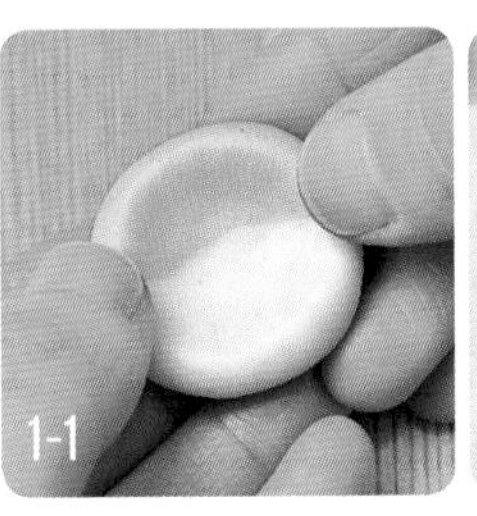
1-1

1-2

2-❶

尾巴1

雙手呈直角狀（圖2-1），將包好內餡的湯圓白色朝下，略微滾小，如鵪鶉蛋一般。滾小的那頭，以左右捏扁、上下捏尖的方式，捏成小尖頭（圖2-2）。

2-1

2-2

尾巴2

用小刀將小尖頭對切（圖2-3），先略微分開兩邊（圖2-4），再將切口頂端略微向內推緊（圖2-5），防止內餡外露，做出鯨魚的尾鰭（圖2-6）。

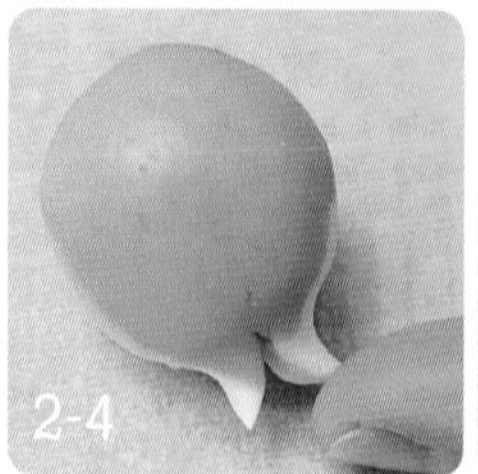

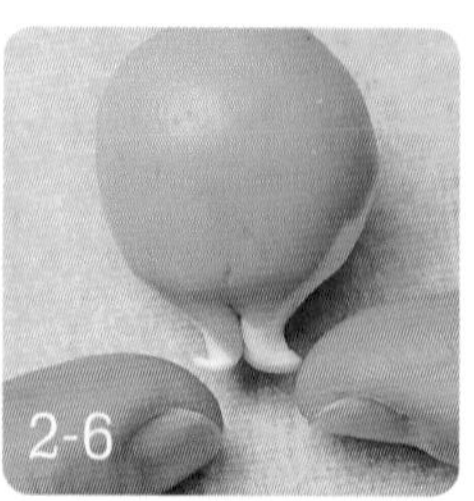

3

腹紋

用小刀在白色部分畫數條線（圖3-1），當作鯨魚的腹紋。

4

眼睛

取兩顆綠豆大小的白色粉團，搓圓後黏貼在臉上，輕輕壓扁，當作眼睛（圖4-1）；再取兩顆西米露大小的黑色粉團，搓圓後黏貼在眼睛上，輕輕壓扁，當作眼珠（圖4-2）。

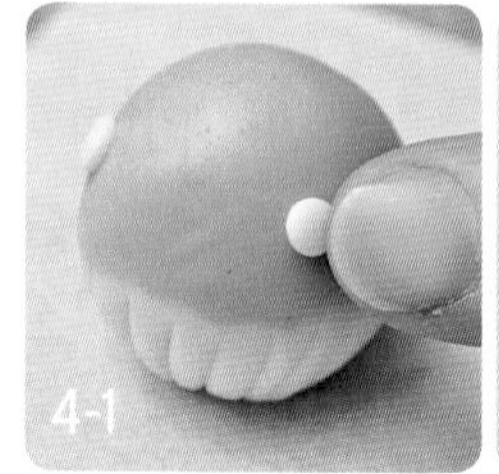

5

魚鰭

取兩顆紅豆大小的藍色粉團，搓成水滴形（圖5-1），將粗的部分黏貼在身體兩側，細的部分略微分開（圖5-2），當作魚鰭。

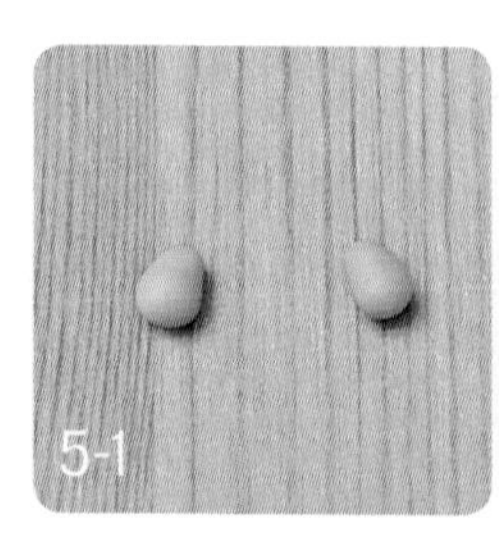

噴水孔

取一顆紅豆大小的藍色粉團，搓圓後黏貼在頭頂（圖6-1），用翻糖工具壓出小洞（圖6-2），當作噴水孔。

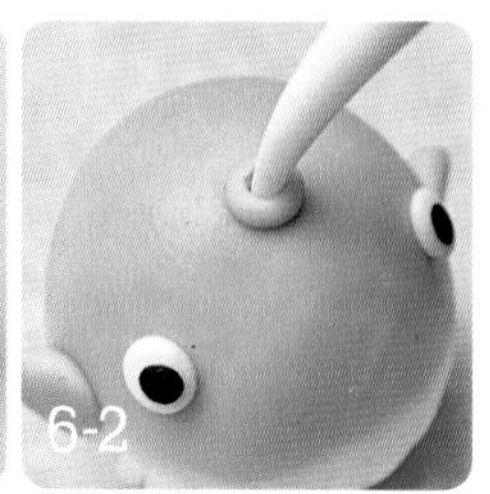

腮紅&嘴巴

取兩顆芝麻大小的粉色粉團，搓圓後黏貼在臉頰的兩側（圖7-1），輕輕壓扁，當作腮紅；再用翻糖工具壓出微笑嘴巴（圖7-2）。鯨魚湯圓完成，可現煮或冷凍保存。

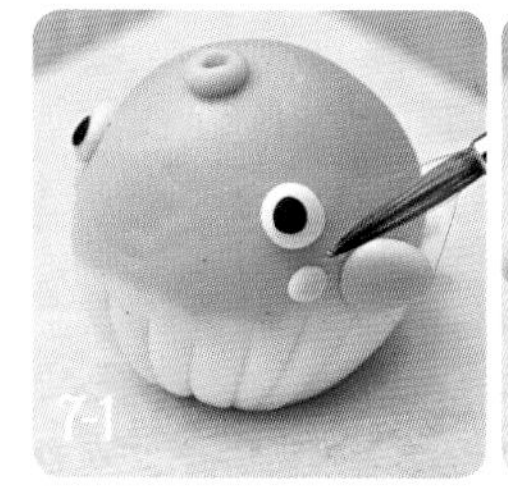

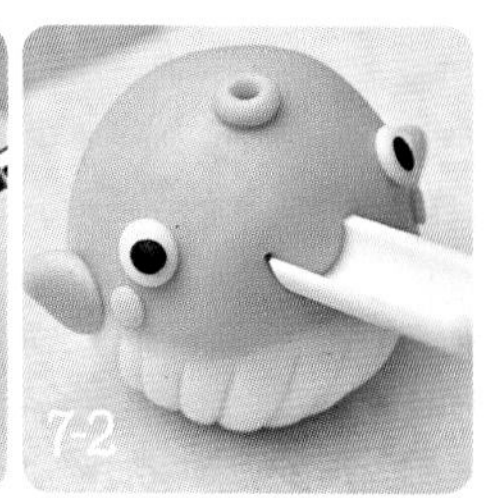

難易度：★★★★

圓鼓鼓小刺蝟

帶著黑芝麻香氣的小刺蝟，背著水果來送禮物囉！圓滾滾的模樣，萌得不得了！

材料（3隻）

湯圓外皮

粉色36克、灰色15克、黑色1克、紅色1克

內餡

芝麻餡5克×3顆

1 身體

將粉色粉團分成10克／顆，依P.16「這樣包湯圓餡不失敗！」將芝麻餡包入，滾圓備用（圖1-1）。

1-1

2 耳朵1

將灰色粉團分成5克／顆 ，先搓圓後再搓成長條狀（長度要能圍起身體粉團）（圖2-1），置於兩張饅頭紙中間（圖2-2），輕輕壓扁（圖2-3），將灰色外皮包裹於粉色湯圓中間（圖2-4）。

2-1

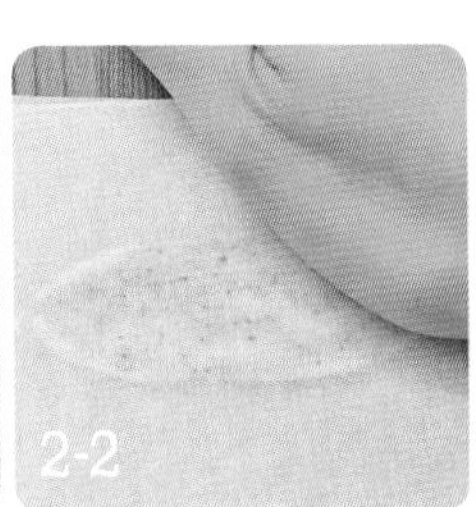
2-2

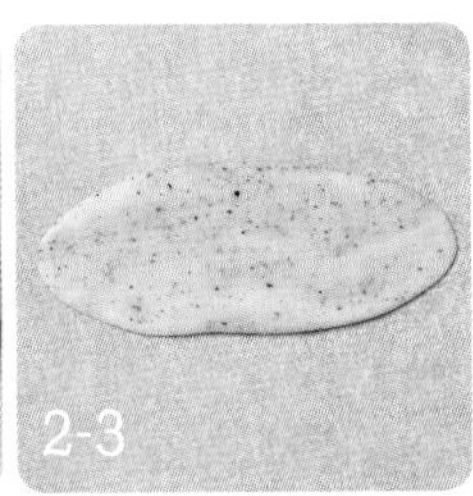
2-3

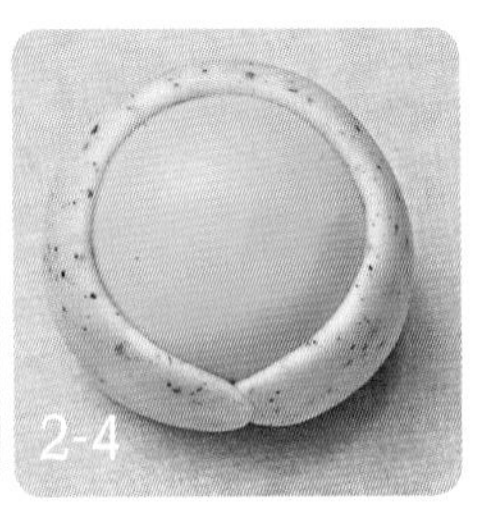
2-4

耳朵

取兩顆綠豆大小的粉色粉團，先搓成圓形，再搓成水滴形（圖3-1），粗的部分黏貼在頭上（圖3-2），細的部分搓尖，當作耳朵，並用翻糖工具壓出耳溝（圖3-3）。

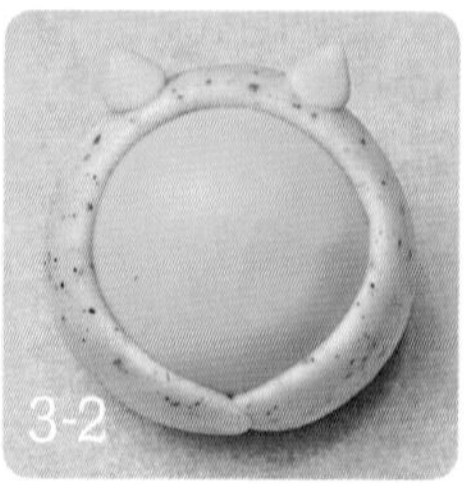

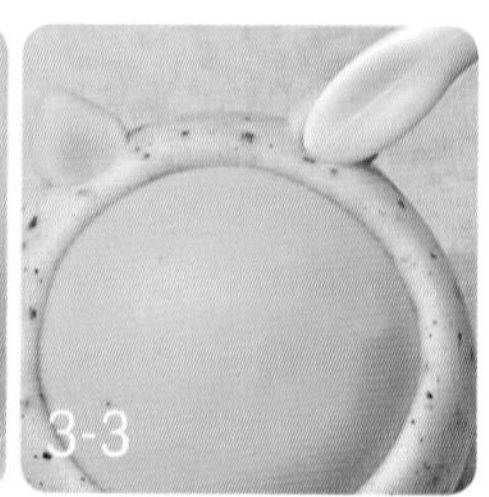

4

四肢

取4顆紅豆大小的粉色粉團（圖4-1），搓圓後黏貼在灰色與粉色粉團的交界處（圖4-2），分4處散落，並用刀子壓出小趾頭（圖4-3），當作四肢。

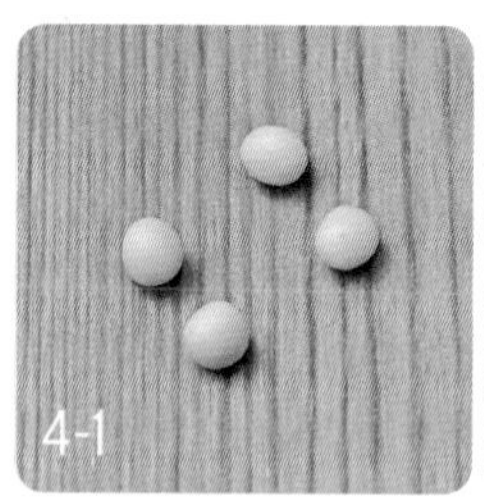

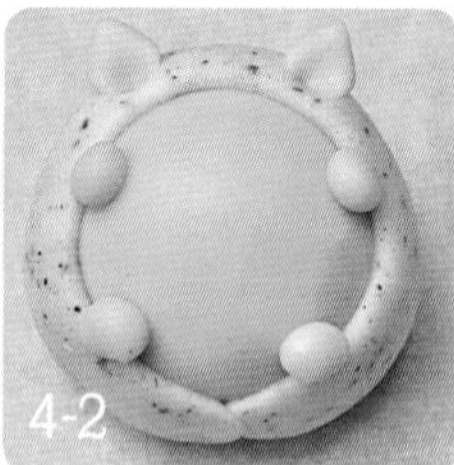

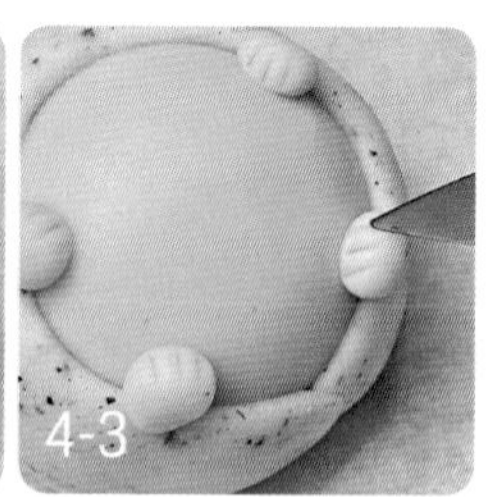

5

鼻子

取1顆紅豆大小的粉色粉團，搓圓後黏貼在臉上當作鼻子（圖5-1）。

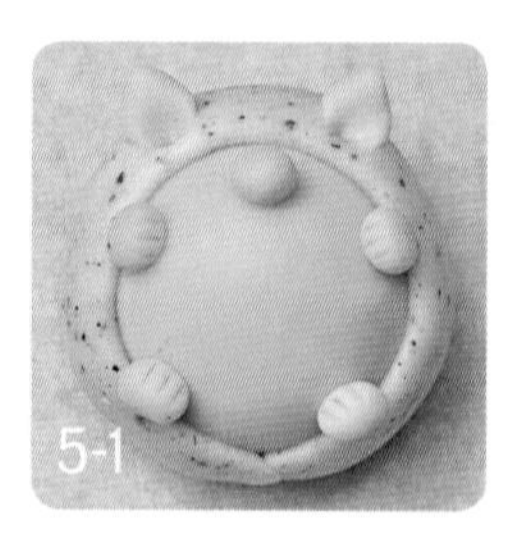

Tips

四肢與鼻子黏貼的位置剛好呈正五角形。

眼睛

取兩顆芝麻大小的黑色粉團，搓圓後黏貼在鼻子的兩側，輕輕壓扁，當作眼睛（圖6-1）。

6-1

7

鼻頭

取1/2顆綠豆大小的黑色粉團，搓圓後黏在鼻子上頭，不需要壓扁，當作鼻頭（圖7-1）。

7-1

8

嘴巴

利用翻糖工具壓出嘴巴痕跡（圖8-1）；取兩顆芝麻大小的紅色粉團，搓圓後黏貼在眼睛的兩側（圖8-2），輕輕壓扁當作腮紅。小刺蝟湯圓完成，可現煮或冷凍保存。

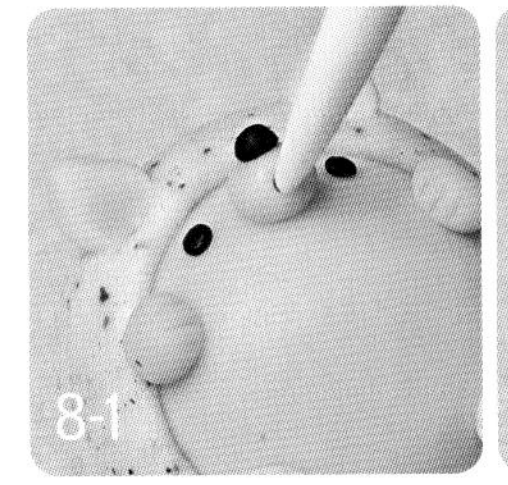
8-1

8-2

難易度：★★★★

年年有餘小金魚

快要過年了，新年的喜慶元素又怎麼能少得了小金魚呢？紅通通的小金魚非常喜氣，就讓牠們撲通跳進大碗中，悠游在甜湯裡，吃甜甜、賺大錢、過好年！

材料（3尾）

湯圓外皮
紅色36克、白色6克、黑色1克

內餡
芝麻餡5克×3顆

1 身體

將紅色粉團分成10克／顆（圖1-1），依P.16「這樣包湯圓餡不失敗！」將芝麻餡包入，搓圓後將湯圓的一端略微推長（圖1-2），讓粉團的延展性往下（圖1-3）。

1-1

1-2

1-3

2 尾巴

推長的那端，以手捏出一個尖角（圖2-1），用小刀一分為二（圖2-2），尖端部分略微分開（圖2-3），再將分割處前端以手指將其黏合（圖2-4），當作金魚尾巴。

2-1

2-2

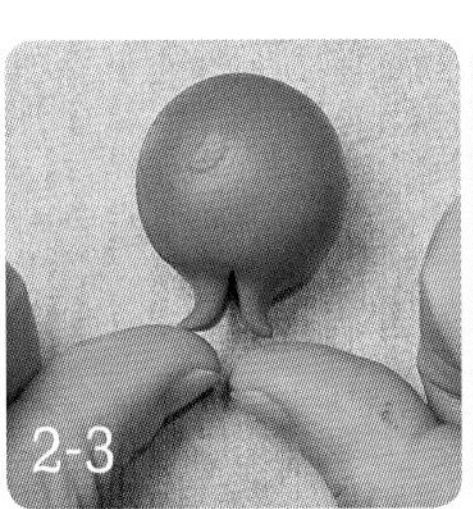
2-3

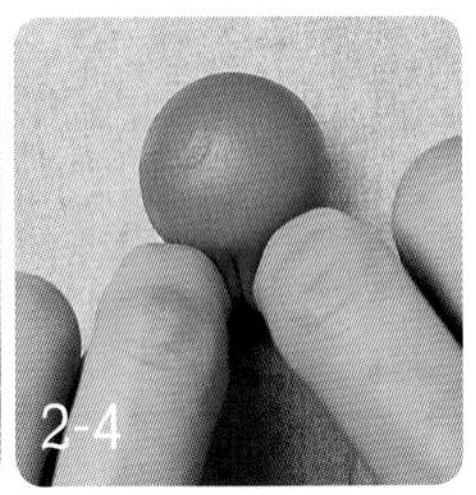
2-4

3 背鰭

將湯圓的頂部捏高（圖3-1），做出背部魚鰭狀，但與尾巴接觸的地方不捏（圖3-2），再以小刀在背鰭上做出花紋（圖3-3）。

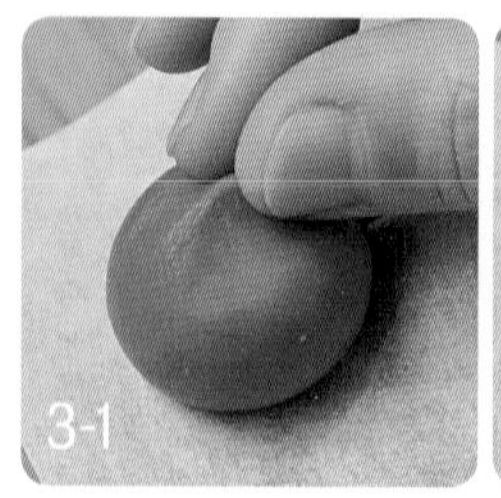
3-1

3-2

3-3

4 魚鰭

取兩顆0.5克的紅色粉團搓成水滴形（圖4-1），尖端部分黏貼壓扁在身體兩側當作魚鰭（圖4-2），再用小刀壓出魚鰭上的花紋（圖4-3）。

4-1

4-2

4-3

5 眼睛

取兩顆綠豆大小的白色粉團搓圓後，黏貼在臉部略微壓扁，當作眼睛（圖5-1）；再取兩顆1/2顆綠豆大小的黑色粉團搓圓後，黏貼在眼睛上略微壓扁，當作眼珠（圖5-2）；再取一小點白色粉團用手指搓圓後，黏貼在眼珠上略微壓扁，當作眼珠上的亮點（圖5-3）。

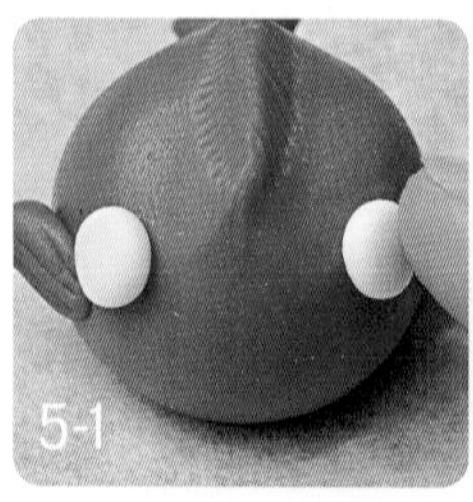
5-1

5-2

5-3

嘴巴

取1顆紅豆大小的紅色粉團搓圓後，黏貼在臉部當作嘴巴（圖6-1），再用翻糖工具壓出嘟嘟嘴（圖6-2）。

6-1

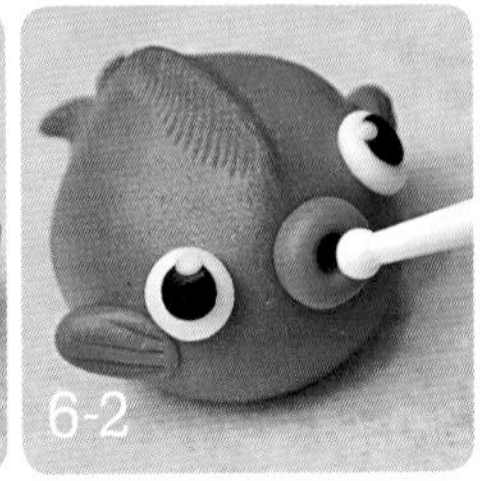
6-2

魚鱗

用吸管壓出身上的魚鱗形狀（圖7-1），金魚湯圓完成（圖7-2），可現煮或冷凍保存。

7-1

7-2

美姬老師 小叮嚀

捏高背部的時候要確定粉團是濕潤的狀態，以免捏破皮。在壓製魚鱗時，力道要恰到好處，避免太過用力，導致露餡。

難易度：★★★★

仰泳高手小海豹

頭圓頸短、沒有外耳廓的海豹，因臉部長得像貓而得名，看牠們仰著肚皮、擺著尾鰭，在海裡悠游，一臉萌樣，融化你我的心！

材料（3隻）

湯圓外皮

白色36克、黑色1克、粉色1克

內餡

芝麻餡5克×3顆

身體1

將白色粉團分成3份，每份做出10克／顆、2個0.3克／顆及兩個西米露大小粉團備用（圖1-1）。

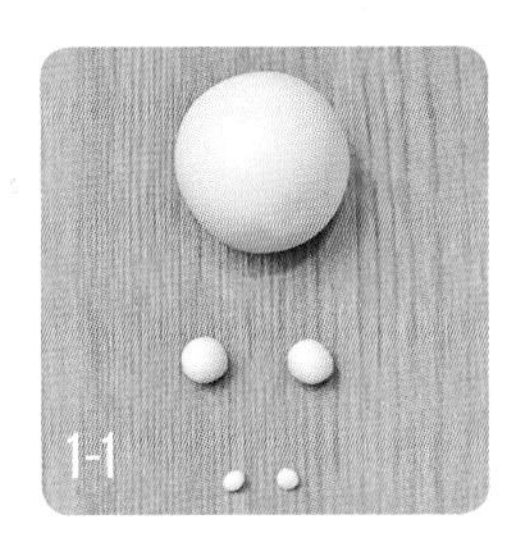

1-1

1-2 身體2

將白色粉團分成10克／顆，依P.16「這樣包湯圓餡不失敗！」將芝麻餡包入（圖1-2），搓圓後備用。

1-2

雙腳1

雙手呈直角狀（圖2-1），將包好內餡的湯圓一端略微滾小（圖2-2），如鵪鶉蛋一般。滾小的那頭，以左右捏扁（圖2-3）、上下捏尖的方式（圖2-4），捏成小尖頭。

2-1

2-2

2-3

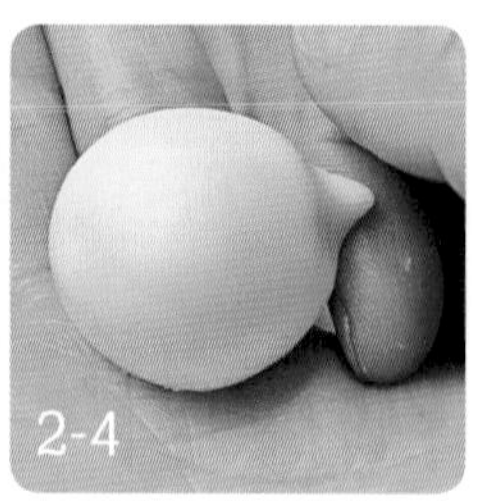
2-4

2-❷ 雙腳2

用小刀將小尖頭對切（圖2-5），先略微分開兩邊（圖2-6），再將切口頂端略微向內推緊（圖2-7），防止內餡外露，做出海豹的雙腳（圖2-8）。

2-5

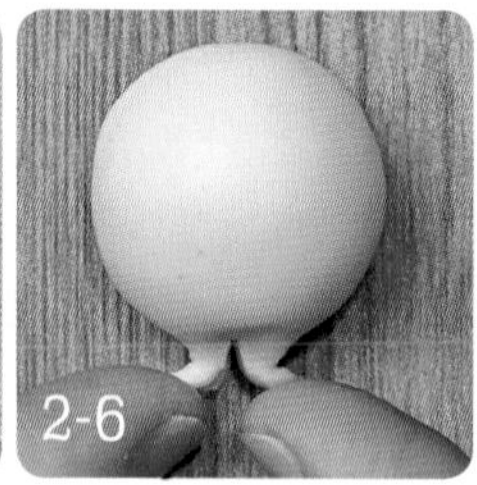
2-6

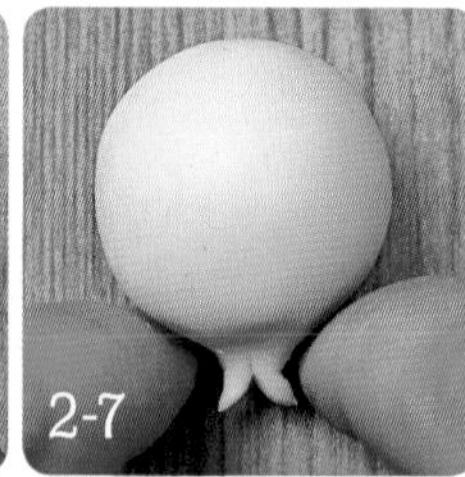
2-7

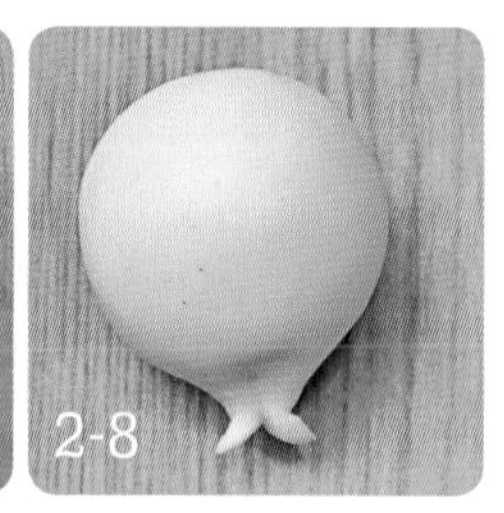
2-8

3 魚鰭

2個0.3個／顆的白色粉團略微推成橢圓形（圖3-1），寬的部分黏貼在圓球兩側的中間（圖3-2），捏出魚鰭擺動的姿勢。

3-1

3-2

4 鼻子

將兩顆西米露大小的白色粉團黏貼於臉部中間當作鼻子（圖4-1）。

4-1

眼睛

取兩顆綠豆大小的黑色粉團，搓圓後黏貼在鼻子的兩側略微上方一點，輕輕壓扁，當作眼球（圖5-1）。

5-1

Tips

可以用筆刷沾點水，擦在表面增加黏性，以免眼睛、鼻子等小物件經過煮食時鬆脫不見。

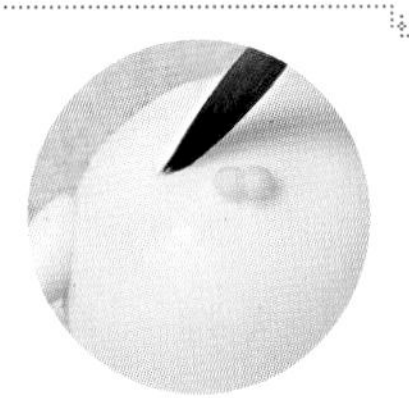

6

鼻頭&眉毛

取1顆芝麻大小的黑色粉團，搓圓後黏貼在兩顆白色小球中間，輕輕壓扁，當作鼻頭（圖6-1）；取兩顆極小的黑色粉團搓圓，黏貼在眼睛上方，輕輕壓扁，當作眉毛（圖6-2）。

6-1

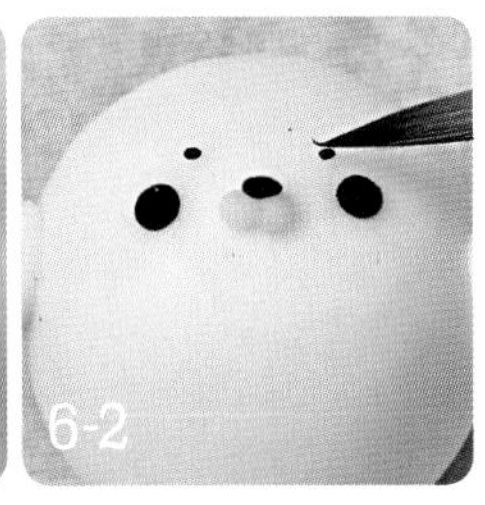
6-2

7

腮紅

取兩顆芝麻大小的粉色粉團，搓圓後黏貼在臉頰兩側，輕輕壓扁，當作腮紅（圖7-1）。海豹湯圓完成（圖7-2），可現煮或冷凍保存。

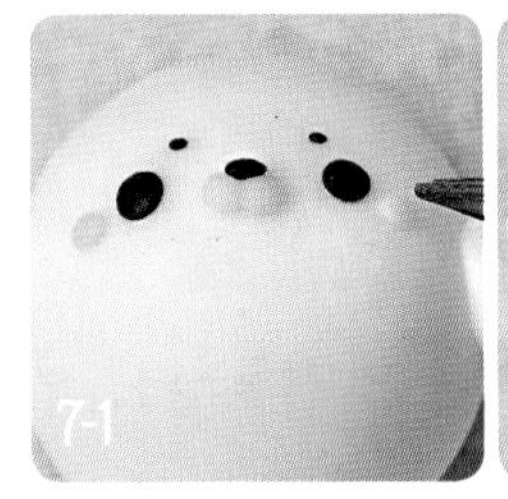
7-1

7-2

美姬老師 小叮嚀

製作海豹尾巴務必輕柔，防止湯圓變形或破皮。

難易度：★★★★

粉紅嘟嘴小章魚

嘟著小嘴巴，彷彿要吹出歡樂小泡泡的粉紅色小章魚，超級吸睛，趕快動手做一隻，保證大人小孩看了都會尖叫連連，直呼「超卡哇伊！」

材料（3隻）

湯圓外皮
粉紅45克、紅色3克、白色1克、黑色1克

內餡
芝麻餡5克×3顆

1 身體

將粉色粉團分成10克／顆（圖1-1），依P.16「這樣包湯圓餡不失敗！」將芝麻餡包入，搓圓後備用。

1-1

2 腳

將4克粉色粉團搓圓後，再搓成長條（圖2-1），切成8等分（圖2-2），再將每等分搓成小圓備用（圖2-3），將8個小粉團圍繞大粉團一圈（圖2-4）。

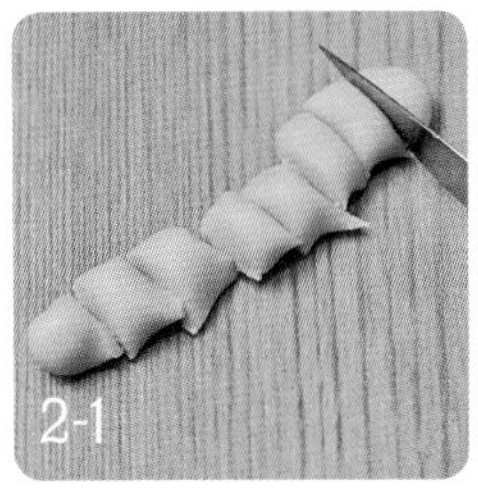
2-1

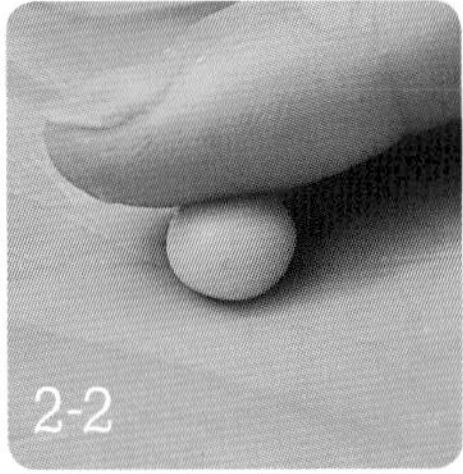
2-2

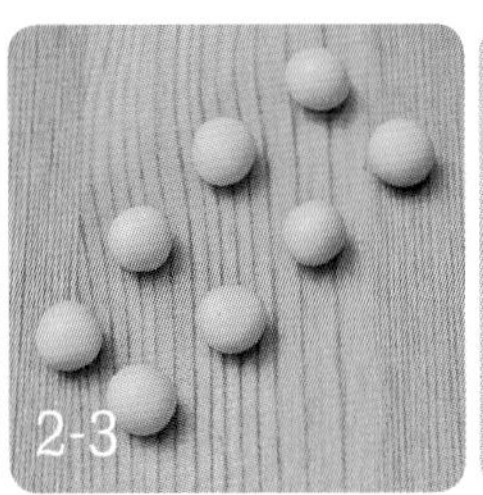
2-3

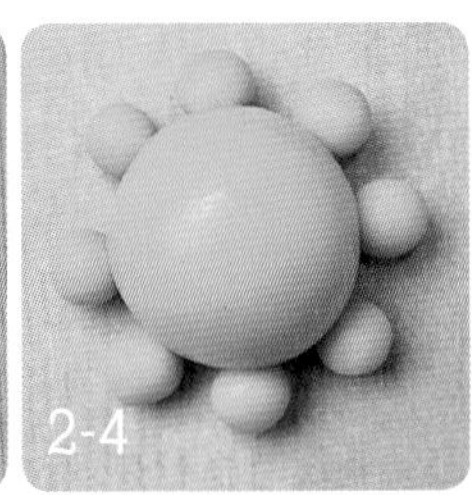
2-4

3 眼睛

取兩顆綠豆大小的白色粉團，搓圓後黏貼在臉部上端，略微壓扁，當作眼睛（圖3-1）；再取兩顆芝麻大小的黑色粉團，搓圓後黏貼在眼睛上，略微壓扁，當作眼珠（圖3-2）。

3-1

3-2

4 嘴巴

取1顆綠豆大小的粉色粉團，搓圓後黏貼在臉部中央（圖4-1），用翻糖工具壓出嘟嘟嘴巴（圖4-2）。

4-1

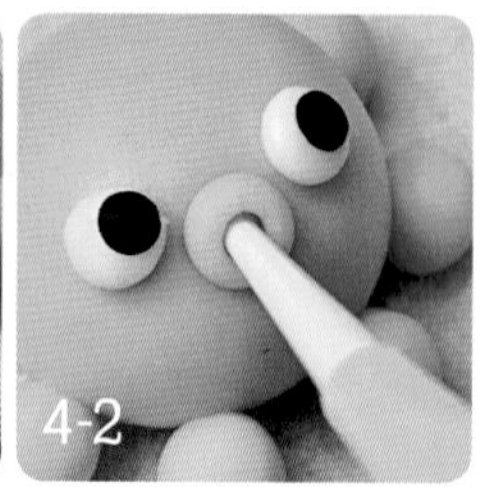
4-2

5 腮紅

取兩顆芝麻大小的紅色粉團，搓圓後，黏貼在臉頰兩側，略微壓扁，當作腮紅（圖5-1）。

5-1

6-❶ 蝴蝶結1

取0.5克紅色粉團，搓圓後再搓橢圓形（圖6-1、6-2），用翻糖工具將中間滾細（圖6-3），兩端略微壓扁成為蝴蝶結外形（圖6-4）。

6-1

6-2

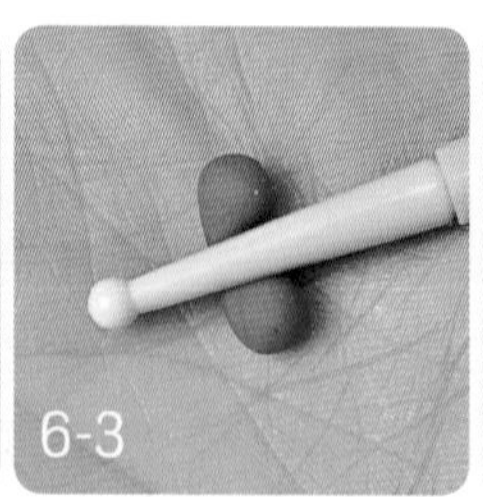
6-3

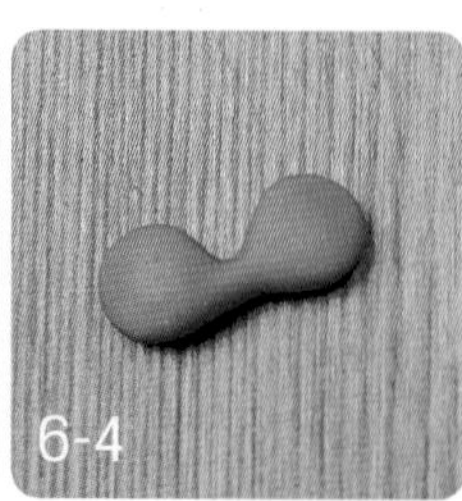
6-4

蝴蝶結2

將蝴蝶結立起來黏貼在章魚頭頂（圖6-5），再取1顆1/2綠豆大小的紅色粉團，搓圓後黏貼在蝴蝶結中間做裝飾，並用牙籤壓出皺摺（圖6-6）。

6-5

6-6

眼睛亮點

再取兩顆1/2芝麻大小的白色粉團，搓圓後黏貼在眼珠上，略微壓扁當作眼睛亮點（圖7-1）。章魚湯圓完成（圖7-2），可現煮或冷凍保存。

7-1

7-2

美姬老師小叮嚀

八隻腳一定要確實黏好，不然煮完可能只剩兩、三隻。
嘴巴部分的孔洞要小且深，才有嘟嘟嘴的效果。

湯圓小筆記

難易度：★★★★

俏皮小柴犬

來自日本的柴犬，個性靈敏、忠心、獨立，是很受歡迎的寵物之一。美姬老師將牠呆萌的模樣，用湯圓表現出來。瞧！牠正吐著舌頭望著妳！愛動物的你我，讓我們以認養代替購買！

材料（3隻）

湯圓外皮

橘色33克、白色15克、粉色3克、黑色1克

內餡

花生餡5克×3顆

1

頭部

將橘色粉團分成10克／顆，準備做柴犬頭部。依P.16「這樣包湯圓餡不失敗！」將花生餡包入，滾圓備用（圖1-1）。

1-1

2-❶

耳朵1

取一顆紅豆大小的橘色粉團、一顆綠豆大小的粉色粉團（圖2-1），分別搓成橢圓形（圖2-2），將粉色壓在橘色粉團上方，略微壓扁（圖2-3）。

2-1

2-2

2-3

耳朵2

將略微壓扁的橢圓形雙色粉團對切（圖2-4），分出兩片狗耳朵，黏貼在湯圓上方（圖2-5），用翻糖工具壓出耳窩（圖2-6）。

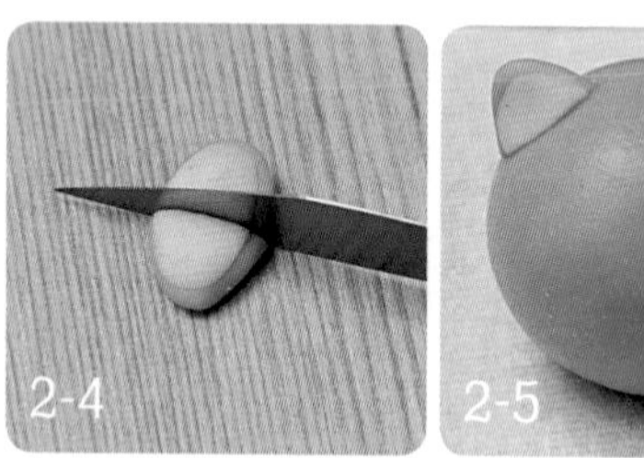

2-4

2-5

2-6

3-❶

臉頰1

取3克的白色粉團搓圓後，滾成橢圓形（圖3-1），在橢圓形的上端壓出凹痕（圖3-2），置於饅頭紙上，再覆蓋一張饅頭紙，以手壓扁（圖3-3）。

3-1

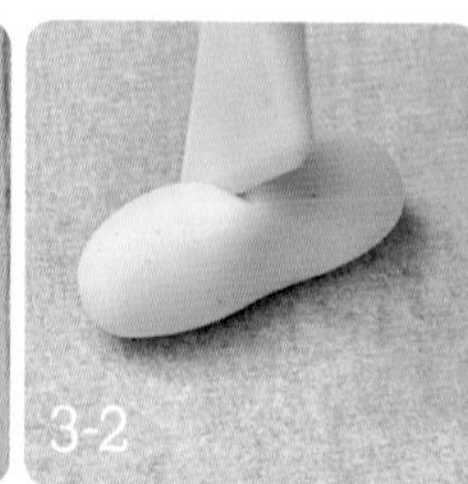

3-2

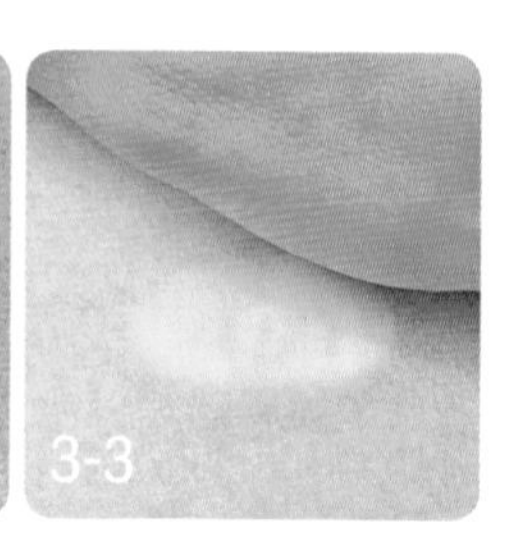

3-3

3-❷

臉頰2

臉頰麵皮完成後（圖3-4），將麵皮貼在湯圓上方（圖3-5），以工具壓出臉頰下方凹痕（圖3-6、3-7）。

3-4

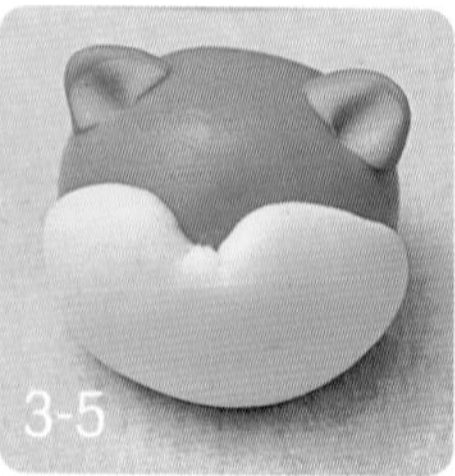

3-5

3-6

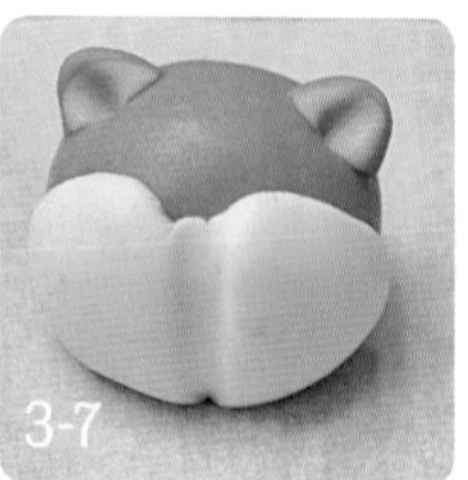

3-7

Tips

如果凹痕不明顯，可以用工具再略微加深處理。

4

眼睛

取黑色粉團搓出兩個芝麻大小的小球當作眼球（圖4-1），黏在臉頰最高處上方，輕輕壓扁（圖4-2）。

4-1

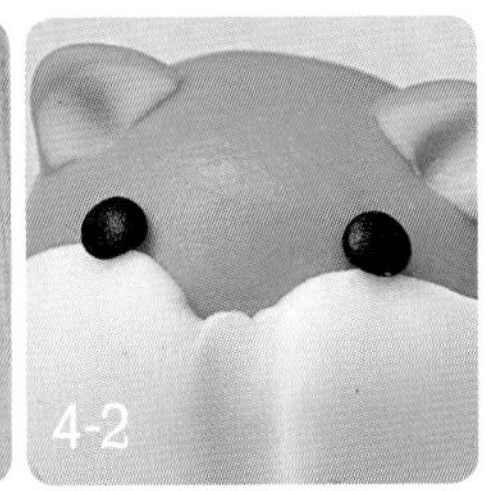
4-2

5

鼻子

取約眼睛兩倍大的黑色粉團（圖5-1），搓圓後黏貼在湯圓上方做鼻子（圖5-2），不需要壓扁。

5-1

5-2

6

人中&嘴巴

用牙籤壓出狗狗的人中（圖6-1），並用翻糖工具壓出嘴巴弧度（圖6-2、6-3）。這微小的細節，正是湯圓作品可愛又細緻的祕訣，千萬不要省略不做。

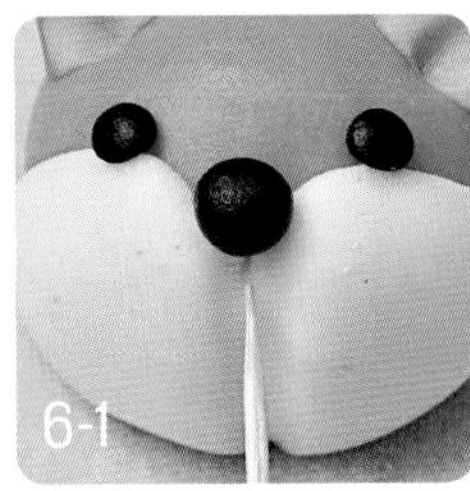
6-1

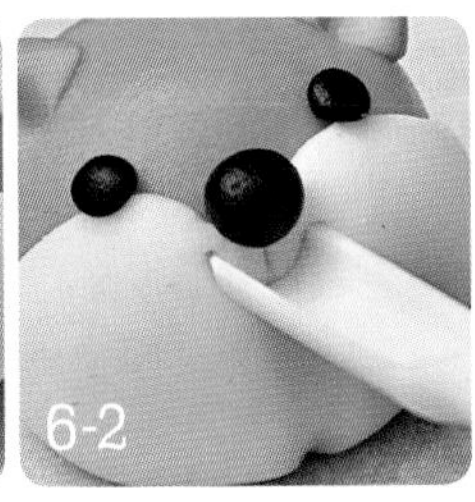
6-2

6-3

舌頭

取綠豆大小的粉色粉團搓成橢圓形（圖7-1），貼在嘴巴下方（圖7-2），用翻糖工具壓出舌溝（圖7-3、7-4）。

7-1

7-2

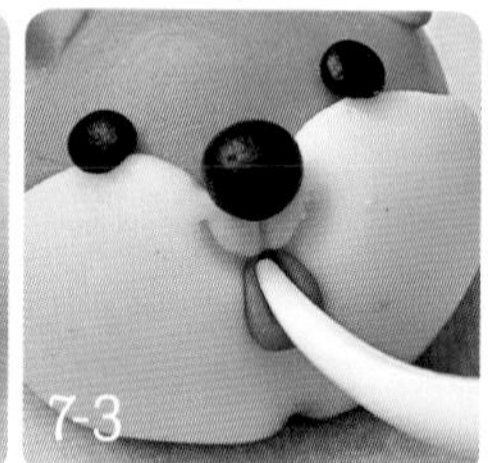
7-3

7-4

---

8 腮紅

取兩粒芝麻大小的粉色粉團，以手指搓圓後（圖8-1），輕輕貼在臉部兩側，略微壓扁（圖8-2）。

8-1

8-1

---

9 白眉毛&眼睛亮點

取兩粒1/2芝麻大小的白色粉團，以手指搓圓，黏貼在兩眼左右斜前方，略微壓扁（圖9-1），當成柴犬特徵之一的白眉毛；再搓兩顆比白眉毛更小的白色粉團，搓圓後黏貼在眼珠上，略微壓扁當成眼睛亮點（圖9-2），柴犬湯圓完成，可現煮或冷凍保存。

9-1

9-2

美姬老師 小叮嚀

1. 柴犬耳朵不要壓得太薄，否則煮的時候容易融化。
2. 想讓柴犬多一點俏皮裝飾，不妨隨手來根狗骨頭吧！取約3克的白色粉團，搓圓後揉成圓柱形，將中間搓細一點，兩頭以翻糖工具做出凹狀。

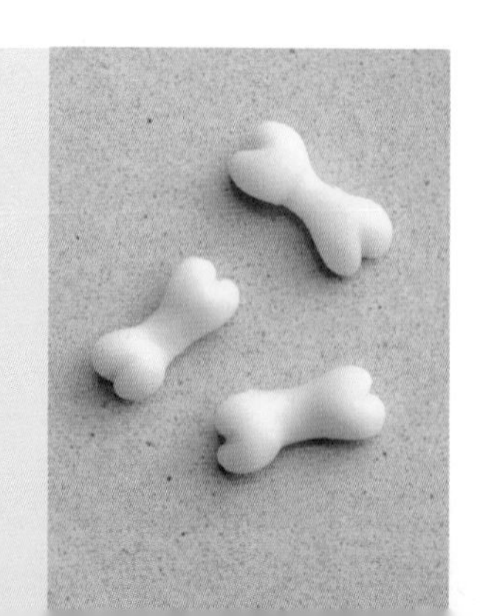

COOK50184

卡哇伊立體造型湯圓

美姬老師獨家研發無添加、軟糯香Q口感配方，打造好捏塑、不變形、不易裂的完美造型湯圓

國家圖書館出版品預行編目資料

卡哇伊立體造型湯圓：美姬老師獨家研發無添加、軟糯香Q口感配方，打造好捏塑、不變形、不易裂的完美造型湯圓 / 王美姬著. -- 初版. -- 臺北市：朱雀文化, 2019.04
面； 公分. -- (Cook；184)
ISBN 978-986-97227-6-6（平裝）
1.點心食譜
427.16 108003447

作者｜王美姬
攝影｜周禎和
美術設計｜*See_U Design*
編輯｜劉曉甄
校對｜連玉瑩
行銷｜石欣平
企畫統籌｜李橘
總編輯｜莫少閒
出版者｜朱雀文化事業有限公司
地址｜台北市基隆路二段 13-1 號 3 樓
電話｜02-2345-3868
傳真｜02-2345-3828
劃撥帳號｜19234566 朱雀文化事業有限公司
e-mail｜redbook@hibox.biz
網址｜http://redbook.com.tw
總經銷｜大和書報圖書股份有限公司 (02)8990-2588
ISBN｜978-986-97227-6-6
初版七刷｜2022.09
定價｜380 元
出版登記 北市業字第1403號